U0274417

航天科技图书出版基金资助出版

射线照相组合检测技术与应用

刘小明　韩壮壮　杜建国　编著

中国宇航出版社

·北京·

图书在版编目（CIP）数据

射线照相组合检测技术与应用 / 刘小明，韩壮壮，杜建国编著 . --北京 ：中国宇航出版社，2019.5
ISBN 978 - 7 - 5159 - 1633 - 0

Ⅰ.①射… Ⅱ.①刘… ②韩… ③杜… Ⅲ.①放射照相－应用－工业－检测 Ⅳ.①TB4

中国版本图书馆 CIP 数据核字(2019)第 087309 号

责任编辑	侯丽平		**封面设计**	宇星文化

出 版
发 行　**中国宇航出版社**

社　址　北京市阜成路 8 号　　　　邮　编　100830
　　　　（010）60286808　　　　　（010）68768548
网　址　www.caphbook.com
经　销　新华书店
发行部　（010）60286888　　　　　（010）68371900
　　　　（010）60286887　　　　　（010）60286804（传真）
零售店　读者服务部
　　　　（010）68371105
承　印　河北画中画印刷科技有限公司
版　次　2019 年 5 月第 1 版　　　　2019 年 5 月第 1 次印刷
规　格　880×1230　　　　　　　　开　本　1/32
印　张　4.375　　　　　　　　　　字　数　126 千字
书　号　ISBN 978 - 7 - 5159 - 1633 - 0
定　价　68.00 元

航天科技图书出版基金简介

　　航天科技图书出版基金是由中国航天科技集团公司于2007年设立的，旨在鼓励航天科技人员著书立说，不断积累和传承航天科技知识，为航天事业提供知识储备和技术支持，繁荣航天科技图书出版工作，促进航天事业又好又快地发展。基金资助项目由航天科技图书出版基金评审委员会审定，由中国宇航出版社出版。

　　申请出版基金资助的项目包括航天基础理论著作，航天工程技术著作，航天科技工具书，航天型号管理经验与管理思想集萃，世界航天各学科前沿技术发展译著以及有代表性的科研生产、经营管理译著，向社会公众普及航天知识、宣传航天文化的优秀读物等。出版基金每年评审1～2次，资助20～30项。

　　欢迎广大作者积极申请航天科技图书出版基金。可以登录中国宇航出版社网站，点击"出版基金"专栏查询详情并下载基金申请表；也可以通过电话、信函索取申报指南和基金申请表。

　　网址：http：//www.caphbook.com

　　电话：（010）68767205，68768904

前　言

当前，射线照相检测技术已在工业质量控制中广泛应用，从1895年伦琴发现 X 射线以来，在广大科技工作者努力研究下，目前已经形成了成熟的检测技术标准体系，但在射线场的有效利用及射线检测智能化方面的研究还不深入，作者在这两个方面开展了初步研究工作，以期推进射线照相检测技术的发展。

通过对射线场理论中线质分布规律、焦点投影规律的研究，以及透照布置控制要求及透照参数选择的系统分析，结合大量试验，在试验基础上归纳总结形成射线照相组合检测技术，实现了不同类型工件的同时检测，提高检测效率，并以此检测技术为内在线索，推进射线照相智能化。

本书针对已经掌握了常规工业射线检测的技术人员，提供了系统性的射线照相组合检测技术基本知识，适合作为工程技术应用参考以及智能射线照相检测软件开发的技术基础。通过对本书的学习，专业人员能够依据射线照相检测技术标准，正确完成射线照相组合检测技术工作；对于射线检测软件开发人员，能够系统地掌握射线照相规律、试验过程、检测技术标准要求，帮助其开发射线检测软件。

从射线照相技术系统来讲，本书围绕组合检测、智能化检测方面做了章节安排，对于整个技术系统中涉及的射线照相物理基础、辅助技术、影像分析技术、辐射防护等内容可参考相关专业书籍，本书不再赘述。

　　本书撰稿人有：刘小明（第 1、2、5 章，第 3 章 3.1 节）、韩壮壮（第 3、6 章）、柳育红（第 4 章）、董辉（第 7 章），董辉同时负责软件的指导工作。杜建国负责整体质量监督与管理工作。全书由刘小明修改统稿。

　　在本书编写过程中，没有检索到组合检测技术的具体参考文献。本书的系统构成和主要内容，是作者在前辈研究及自身工作积累基础上，将基础射线检测理论深入应用与实践，将成果归纳总结形成。中国宇航出版社对本书出版工作给予了大力支持，做了大量细致辛苦的工作，作者在此表示深切的谢意。由于作者的学识、经验所限，书中不妥之处在所难免，期待广大读者指正。

编　者

2018 年 4 月

目　录

第1章　射线照相检测技术基础 ……………………………… 1

1.1　射线照相检测技术的构成 ……………………………… 1

1.2　射线照相透照技术 ……………………………………… 2

1.3　射线照相检测的特点 …………………………………… 3

第2章　射线组合照相质量的影响因素 …………………… 5

2.1　射线透照场 ……………………………………………… 5

2.1.1　圆锥形射线透照场 ………………………………… 5

2.1.2　球锥形射线透照场 ………………………………… 7

2.2　射线组合照相灵敏度的影响因素 …………………… 11

2.2.1　定向X射线透照场焦点尺寸分布 ……………… 11

2.2.2　定向X射线场强度分布 ………………………… 26

2.2.3　散射线及半影区的控制 ………………………… 33

2.3　X射线透照检测的质量控制 …………………………… 36

2.3.1　影像质量控制图 ………………………………… 36

2.3.2　影像质量控制应用 ……………………………… 37

2.3.3　暗室处理质量控制 ……………………………… 38

第3章　射线照相组合透照工艺 …………………………… 41

3.1　射线照相组合检测工艺条件的选择 ………………… 41

3.1.1　垂直布照方法与控制 …………………………… 41

3.1.2　组合布照方法与控制 …………………………… 47

3.1.3　参数确定方法与控制 …………………………… 49

3.2　组合检测透照参数的应用 ……………………………… 51

3.3　不同金属材料的厚度换算 …………………………… 56

3.4　制作曝光曲线 ……………………………………… 57

3.5　组合厚度差 ………………………………………… 60

3.6　X射线机穿透力测试 ………………………………… 63

3.7　不同类型胶片透照参数确定方法与控制 …………… 68

3.8　组合检测的一次总透照长度 ………………………… 70

第4章　射线照相组合检测工装 ……………………… 74

4.1　射线照相组合检测工装设计 ………………………… 74

4.2　不同结构方案设计 …………………………………… 74

　4.2.1　插销结构 ……………………………………… 74

　4.2.2　液压升降机构 ………………………………… 75

　4.2.3　电动推杆剪式机械放大机构 ………………… 75

4.3　各单元功能需求 ……………………………………… 75

　4.3.1　透照场平面及分区 …………………………… 75

　4.3.2　射线照相组合检测支撑单元功能需求 ……… 76

4.4　斜向组合检测 ………………………………………… 76

4.5　对比试块 ……………………………………………… 79

第5章　射线照相组合检测智能化基础 ……………… 82

5.1　不同厚度工件组合透照检测的"全貌图" ………… 82

5.2　"全貌图" …………………………………………… 88

5.3　黑度标尺使用原理图 ………………………………… 90

5.4　黑度标尺变电压使用原理图 ………………………… 92

5.5　检测参数验证 ………………………………………… 95

第6章　射线照相组合检测应用 ……………………… 99

6.1　组合透照检测的底片质量验证 ……………………… 99

6.2　组合透照检测应用 ………………………………… 107

第 7 章 射线照相组合检测技术应用智能分析系统简介 ········· 120

7.1 系统概述 ··· 120

7.2 主要功能 ··· 120

7.3 数据分析 ··· 121

7.3.1 误差分析 ··· 121

7.3.2 数值分析 ··· 122

7.3.3 布局分析 ··· 122

7.3.4 数据挖掘 ··· 124

7.3.5 系统开发 ··· 124

7.4 应用前景 ··· 125

参考文献 ··· 126

第1章 射线照相检测技术基础

1.1 射线照相检测技术的构成

射线照相检测技术由透照技术、暗室处理技术、评片技术及控制技术等构成。透照是射线源产生射线，透过工件后在记录介质上形成潜影的过程。在检测应用时，透照技术必须与暗室处理技术、评片技术及控制技术形成射线照相检测技术系统。

射线照相按源分为 X 射线照相、γ 射线照相。X 射线照相按照采用的设备分为定向 X 射线照相、周向 X 射线照相。其中定向 X 射线照相应用较为广泛，射线透照示意图如图 1-1 所示。

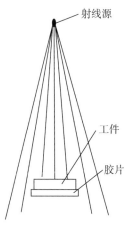

图 1-1 射线透照示意图

简单地按照图 1-1 所示透照，经暗室处理，得到的影像质量优劣不等，对细小缺陷观察定量及识别定性很难一致。当影像质量达不到预期要求时，一般不再做评片处理。

通常采用射线照相灵敏度评价影像质量。从设备、胶片、透照布置（包括辅助措施）、曝光参数、暗室处理等方面采取工艺措施，提高缺陷检出灵敏度，对射线照相对比度、不清晰度和颗粒度进行间接的综合控制。

1.2 射线照相透照技术

透照技术是设备器材（包括胶片）的选用、透照布置、参数选择、增感、散射线防护及滤波等综合应用，目的是使射线照相灵敏度达到一定要求。在一些因素的影响不可能受到严格控制时，对射线照相图像质量做出限定性规定，形成了射线照相检测的控制技术。为此，在工业（或工程）应用上，检测标准对控制技术做出了严格限制。表 1 - 1 为检测标准对控制技术的主要限制。

表 1 - 1 检测标准（GJB 1187A—2001）对控制技术的主要限制

序号	透照技术		标准要求
1	胶片		胶片分类；定期复验
2	透照布置	垂直	线束指向透照中心，与透照区平面垂直
		焦距	布置焦距不小于最小距离要求
		一次透照有效区	取决于允许的透照厚度比
3	透照参数	透照电压	尽可能采用较低管电压，不超过允许的最高管电压
		曝光量	不低于推荐值（焦距为 1 000 mm 时）
4	增感		没有或有金属屏（射线具有足够穿透能力）
5	散射线防护		铅板背散射防护、侧散射线防护
6	底片质量	黑度	A 级：1.7～4.0；B 级：2.0～4.0
		灵敏度	识别的像质计最细线号来描述

其中，当透照布置的焦距改变时，可按平方反比定律对曝光量的推荐值进行换算。表 1 - 2 为日常射线照相部分布照焦距条件下，以曝光量推荐值为基准的换算。

表 1 - 2　曝光量推荐值的换算（管电流 $i = 5$ mA）

焦距/mm		1 300	1 200	1 100	1 000	900	800	700	600
A 级	曝光量/ mA·min	25.35	21.60	18.15	15.00	12.15	9.60	7.35	5.40
	曝光时间/ min	5.07	4.32	3.63	3.00	2.43	1.92	1.47	1.08
B 级	曝光量/ mA·min	33.80	28.80	24.20	20.00	16.20	12.80	9.80	7.20
	曝光时间/ min	6.76	5.76	4.84	4.00	3.24	2.56	1.96	1.44

在射线照相检测技术标准中，对工艺规程、曝光曲线、系统稳定性试验等进行规定，是为了保证技术稳定性受控。

在射线照相检测技术中，胶片是基础，透照时通过对透照布置、透照参数及辅助措施进行控制与调整，达到所要求的影像质量。对射线底片质量黑度和灵敏度的规定间接限定了曝光量，同时也是对暗室处理技术的一种控制。正因为多个因素的直接控制与间接控制交叉影响，使射线照相过程复杂，很难做出质量完全一致的限定性规定。

1.3　射线照相检测的特点

X 射线机按使用性能分为定向 X 射线机、周向 X 射线机及管道爬行器等。定向 X 射线检测使用较为广泛，通常具有如下特点：

1）射线机管头产生的 X 射线辐射方向为 $40°$ 左右的圆锥角，射线线质具有各种波长，呈连续分布；在特定波长位置出现强度很大的标识谱线。在圆锥角内不同角度上 X 射线的强度分布存在差异，阳极侧包含着较多的硬射线成分，阴极侧包含着较多的软射线成分。

2）实际焦点在中心射线束方向上的投影称为有效焦点，其数值大小直接影响照相灵敏度。

3）中心线束垂直于透照区中心，一次曝光的有效范围取决于允许的透照厚度比。

4）布照焦距有最小距离限制，一般用于定向单张摄片。对于焊缝来说，一次透照长度与焦距成正比变化，即焦距越大，一次透照长度越长；焦距越小，一次透照长度越短。透照次数与一次透照长度成反比变化，即一定长度的焊缝，一次透照长度越长，透照次数越少；一次透照长度越短，透照次数越多。

5）透照电压不超过允许的最高管电压值，曝光量不低于推荐值。同时曝光量与焦距（或一次透照长度）的平方成正比变化，即焦距（或一次透照长度）越长，曝光时间（曝光量）越长（显著增加）；焦距（或一次透照长度）越短，曝光时间（曝光量）越短（显著减少）。

6）胶片在透照曝光过程中，射线机、工件、胶片的相对位置静止不动。

7）布照质量（垂直、几何不清晰度、透照厚度比、一次透照长度、最小焦距限制）、透照质量（胶片类型、曝光量、透照电压）及底片质量（灵敏度、黑度）形成了射线照相检测技术系统。黑度规定间接限定了曝光量，也是对暗室处理技术的一种控制。

正是受技术指标规定限制，焊缝单次透照长度不大于一次透照长度，在射线照相检测时会出现单张胶片布照及多张流水布照现象。为提高工件的一次总透照长度、降低总曝光时间，尤其是检测质量必须满足技术标准规定，就需要开展同等厚度（或不同厚度）工件焊缝的组合检测。

第2章　射线组合照相质量的影响因素

2.1　射线透照场

按一定条件将射线机、工件、记录介质（胶片或 IP 板）进行布置，开启高压后形成透照场，场中的射线穿透工件后发生强弱变化，并将工件中的缺陷信息记录在介质之中。只要轫致辐射（高速电子撞击阳极靶，发生能量转换，产生 X 射线）发生，和磁场一样，射线透照场是客观存在的。在空间中，定向 X 射线场是有 40°左右的圆锥形辐射角，理论半径无穷大的光子直线传播的辐射场。

2.1.1　圆锥形射线透照场

锥形射线传播场与垂直于中心线束的照射区平面构成圆锥形射线透照场，模型如图 2-1 所示。F 为焦点至胶片的距离，亦为焦距。其基本特征可以用辐射角、焦距来描述。

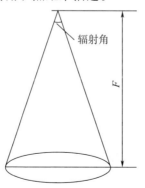

图 2-1　圆锥形透照场模型

（1）圆锥形透照场的约束条件

1）透照场的焦点大小被定义为中心垂直线束方向实际焦点尺寸的投影尺寸，该投影尺寸为透照场圆底面各方向上投影尺寸的唯一代表值，参与图像几何不清晰度即影像清晰度的计算；

2）辐射角约为 40°的圆锥角；

3）场中的光子（射线）在 40°的圆锥角内进行直线辐射传播。

（2）圆锥形透照场的透照条件（射线检测标准规定）

1）透照角（裂纹检测角）必须控制在 8°～13°以内；

2）工件透照区域中心应垂直于中心射线束；

3）一次透照长度（或范围）必须在可利用区内；

4）辐射强度与距离的平方成反比；

5）射线强度在工件中以指数方式衰减。

（3）模拟分析步骤

1）在定向 X 射线机的使用条件下，通过参数化建立锥形透照场几何模型；

2）设置定向透照场的属性，使用焦点尺寸、辐射角和辐射强度对射线场的属性进行表征；

3）划分圆锥底面，施加边界约束和透照条件，建立透照布置模型；

4）设置不同透照参数，模拟最大透照长度和一次透照长度两种透照条件，分析对应的检测质量。

圆锥形射线透照模拟结果如图 2-2 所示。

（4）圆锥形透照结果分析

表 2-1 列出了圆锥形透照场中最大透照长度和一次透照长度的最大指标变化量，其中一次透照长度较最大透照长度变化量：A 级降低了 $0.22(F-T)$，B 级降低了 $0.42(F-T)$，T 为垂直透照方向公称厚度。

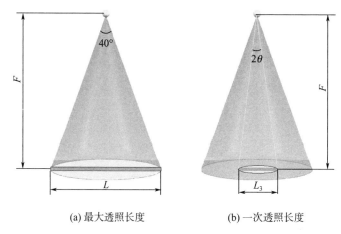

(a) 最大透照长度　　　　　　(b) 一次透照长度

图 2-2　圆锥形透照长度

表 2-1　圆锥形透照长度对比

类别		透照角	透照长度/ mm	焦点尺寸/ mm	透明厚度比 K 值	黑度变化范围 $\pm\Delta D$
最大透照长度		20°	$0.72(F-T)$	3	1.06	0.5
一次透照 长度	A 级	13.86°	$0.5(F-T)$	3	1.03	0.25
	B 级	8.07°	$0.3(F-T)$	3	1.01	0.1
参考标准		NB/T 47013.2—2015				

同时，由表 2-1 可知，最大透照长度的透照厚度比 K 值和黑度变化范围较大，一次透照长度的透照厚度比 K 值和黑度变化范围较小，一次透照长度的工艺措施不会提高检测效率，表明采取一次透照长度的工艺优化措施后透照的厚度变化和黑度的变化范围均得到了改善，有利于提高底片的影像质量。

2.1.2　球锥形射线透照场

锥形射线传播场与球心处于锥点的球面构成球锥形射线透照场，模型如图 2-3 所示。其基本特征可以用辐射角、焦距（或球锥半径）来描述。

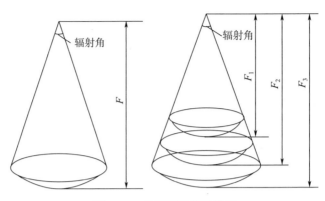

图 2-3　球锥形透照场模型

　　球锥形透照场可看作是在锥形透照场的基础上，将底面构建成一个球锥面，球面半径为 F，球锥面与圆锥底面相切于中心线束 O 点，如图 2-4 所示。平板的透照计算仍以锥形透照场方式计算。所不同的是球锥面按图 2-5 所示分成若干区域后，每个区域可构建出球锥面与一个圆锥底面相切，每个区域构建方法都如同中心区域。

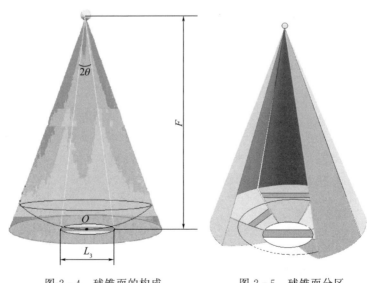

图 2-4　球锥面的构成　　　　　　图 2-5　球锥面分区

球锥形透照场用来分析多个工件布置在同一个透照场时，每个工件的方位变化对检测结果带来的影响。在分析时，需要考虑焦点、方位、辐射线质的影响，亦即随布置方位变化，焦点的投影、辐射（线质和强度）发生了变化。

当工件布置在中心线束时，透照场对应于圆锥形透照场分析类型；当工件布置在非中心线束时，焦点的变化是方位角的函数。辐射的强度和线质变化十分复杂，需要结合理论分析进行试验确认。球锥形透照场分析需要在圆锥形透照场分析结果的基础上进行，因此，对球锥形透照场分析研究，首先需要进行模态分析。

（1）球锥形透照场分析步骤

1）建模，球面与中心点相切形成球锥面；

2）将球锥面分成若干区域；

3）每个区域构建锥底面与球面相切；

4）进行每个区域球锥形透照场分析，与圆锥形透照场分析相同；

5）选择区域分析方位，指定焦点投影输出范围及射线强度变化大小；

6）求解，输出焦点尺寸和相应底片黑度大小。

（2）区域方位分析

区域方位分析用于分析焦点的方位特性，即确定区域的焦点尺寸和射线强度，是球锥形透照场分析的基础。基于试验模态的布照数据，利用圆锥场分析方法，针对区域大小进行方位分析和布照分析。

在球锥形透照场阴极侧、中心位置、阳极侧三个典型方位分别布置 A、B、C 工件，如图 2-6 表示。表 2-2 列出了球锥形透照场方位和布照区域的对比。表中数据表明，球锥形透照场布照值和圆锥形透照场布照值一致，说明模拟过程设置的边界约束和布照条件能真实反映实际情况，球锥形透照场模型可以用于后续的其他分析。

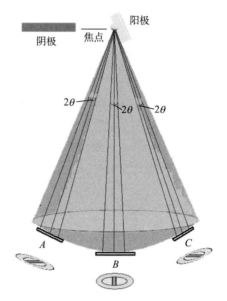

图 2-6　球锥方位布照

表 2-2　球锥形透照场方位和布照区域对比

布照区域	方位		布照		
	焦点尺寸/mm	±ΔD	透照角	K 值	透照长度/mm
位置 A 区（阴极侧） 方位角：−15°	4.01	0.22	13.86°	1.03	$0.5(F-T)$
		0.15	8.07°	1.01	$0.3(F-T)$
位置 B 区（中心部位） 方位角：0°	3	0.25	13.86°	1.03	$0.5(F-T)$
		0.10	8.07°	1.01	$0.3(F-T)$
位置 C 区（阳极侧） 方位角：15°	1.88	0.20	13.86°	1.03	$0.5(F-T)$
		0.15	8.07°	1.01	$0.3(F-T)$
参考标准	NB/T 47013.2—2015				

　　球锥形透照场布置工件的布照比大幅提高，批量工件在同一个球锥形透照场中可视为一个整体，单个工件又可视为单独的锥形透照，所以球锥形透照场整体为属性不同的锥形中心透照场的组合。

　　球锥形透照场分析是基于模态分析得到的模态参数，是对多个工件的组合布照进行评价的分析。表 2 - 2 列出了区域方位焦点尺寸和黑度差变化范围的对比数据。结果表明，阴极侧焦点尺寸较大，而阳极侧焦点尺寸明显小于阴极侧，说明阳极侧的几何不清晰度较小，成像质量好，这与实际检测情况相符。同时，区域方位的黑度差变化范围与中心区黑度差变化范围基本一致。

综上所述，针对球锥形透照场模拟结果，采取球锥场多件组合布照的工艺改进措施后，布照比得到了提高，K 值不变，阳极侧的几何不清晰度较小，可以有效提高成像质量，避免圆锥形透照场引起的单片流水作业现象。

2.2　射线组合照相灵敏度的影响因素

射线照相灵敏度是指射线底片上能观察到的最小缺陷（细节）尺寸或识别细小影像的难易程度，也是评价射线照相影像质量最重要的指标。射线照相灵敏度是射线照相对比度（缺陷影像与其周围背景的黑度差）、不清晰度（影像轮廓边缘黑度过渡区的宽度）和颗粒度（影像黑度的不均匀程度）三大要素的综合，分别受到不同工艺因素的影响。

射线组合照相灵敏度要求与常规射线照相要求一样，照相质量必须符合技术规范。在一定条件下（如较大焦距、布照方位等），可以提高影像质量。但组合照相灵敏度的影响因素自身有所变化，透照因素的影响要严格控制。

贯穿在射线组合照相质量控制中的内在线索必须符合技术规范，同时增强技术稳定性控制，使曝光曲线系统稳定性技术向自动控制方向发展。

2.2.1　定向 X 射线透照场焦点尺寸分布

在 X 射线定向照相过程中，焦点尺寸因素的影响不可能受到严格的控制，技术规范对射线照片图像质量做出了间接规定。有时采用小焦点的射线机进行透照，就是为了提高影像的几何不清晰度。

　　不同的焦点尺寸，其几何不清晰度不同，造成底片影像的质量也不同，所能检出的最小缺陷也不尽相同。焦点尺寸对影像质量的影响存在着分布规律，对布照方位采取措施可以进行影像质量控制。

　　（1）实际焦点投影

　　射线源的实际焦点尺寸在透照场每个线束方向上投影尺寸不尽相同，在透照面（球面或平面）的投影尺寸是连续变化的。如图2-7所示为定向射线机实际焦点的方位特性。

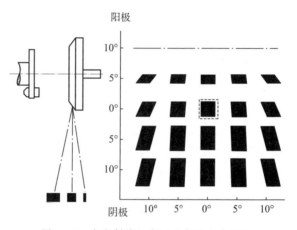

图2-7　定向射线机实际焦点的方位特性

　　从焦点的方位特性可以分析出焦点的分布规律：

　　1）焦点大小变化是连续的，而非单个的离散分布；

　　2）焦点的投影是实际焦点的空间分布，与射线场无关；

　　3）阴、阳极中心连线两侧投影尺寸相互对称；

　　4）从阴极到阳极的轴线平行方向上，投影尺寸由大连续变小且变化较大，垂直方向不变；

　　5）在垂直于轴线的方向上，投影尺寸由中心向两侧由大连续变小且变化较大，垂直方向不变；

　　6）同一焦距，两极连线布片，影像几何不清晰度变化范围较大，垂直两极连线布片几何不清晰度变化范围较小。

实际透照时，射线束中心垂直指向透照区中心布置，出现图 2 - 8 所示的投影情况。

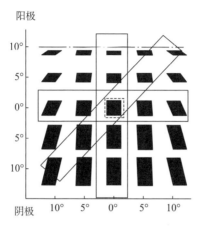

图 2 - 8　射线场中心布置的焦点投影

在任一布照方向上，都有连续变化的投影，以中心区投影尺寸为布照的焦点尺寸，参与计算几何不清晰度，以此衡量底片影像的几何清晰程度。显然，经过该焦点的布照方向有无数个。

在工程应用上，焦点尺寸只与布照中心所在位置的投影尺寸有关，而与所在位置的方向无关。如图 2 - 9 所示，每种布照的焦点尺寸为各区域内中心部位的焦点尺寸（虚线框位置）。

从图中可以看出：阳极侧焦点尺寸小于阴极侧焦点尺寸。同焦距透照，布照中心处于阳极侧时，影像的几何清晰程度优于阴极侧。但必须清楚，每种布照区域焦点尺寸是连续变化的，只有布照中心焦点尺寸参与计算几何不清晰度。

（2）射线场中焦点尺寸

影像质量的焦点尺寸因素是实际焦点的空间投影分布与射线场的共同作用。定向 X 射线机的射线场中的焦点尺寸分布如图 2 - 10 所示。

显然，透照场内的焦点尺寸具有实际应用意义：

1）中心位置尺寸为通常采用的名义焦点尺寸；

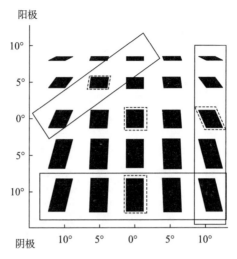

图 2-9　垂直透照区中心布置的焦点投影

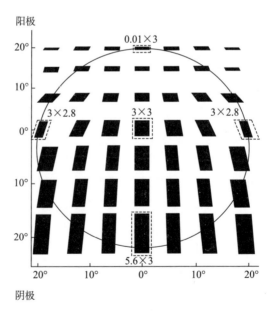

图 2-10　定向射线场中的焦点尺寸

2）射线场每个方位只有一个投影形状，即每个方位只有一个焦点尺寸；

3）布照中心位置的投影尺寸为透照检测的实际焦点尺寸；

4）垂直于阴阳极连线进行布照，影像清晰度较为"均匀"。

阴阳极连线上投影尺寸 b 的计算如图 2 - 11 所示，投影尺寸按 $b = 8.77\sin\alpha$ 进行计算。

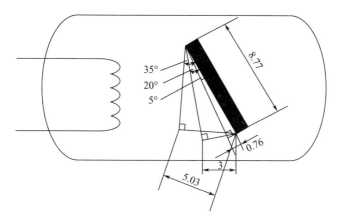

图 2 - 11　投影尺寸 b 的计算示意图

以有效焦点为 3 mm×3 mm 的射线机为例，其阳极靶面实际焦点为 8.77 mm×3 mm，在阳极靶面偏阴极侧 40°（透照场偏角 20°左右）时，实际焦点方位投影尺寸最大，为 8.77 mm×3 mm；在阳极靶面偏阴极侧 20°（垂直阴阳极连线方位）时，焦点投影尺寸为有效焦点尺寸 3 mm×3 mm；在阳极靶面偏阴极侧 0°时，焦点投影尺寸为 3 mm（线段）。

射线场边缘的实际焦点投影尺寸计算结果如图 2 - 10 所示，结果显示：阴极侧投影尺寸最大，向阳极侧随 α 角逐渐变小；阴、阳极连线两侧投影尺寸对称，由中心向两侧变小，变化幅度相对较小。

据此，当布照中心处于任一位置时，焦点尺寸计算则有些复杂，从工程应用的角度来看，如图 2 - 12 所示，采用布照中心所处垂直于阴阳极连线的直线与阴阳极连线交点处的投影尺寸近似代替。

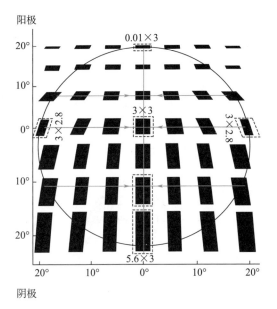

图 2-12　定向射线场中任一位置的焦点尺寸

（3）几何不清晰度

由于射线源焦点都有一定尺寸，所以透照工件时，工件表面轮廓或工件中的缺陷在底片上的影像边缘会产生一定宽度的半影，此半影宽度就是几何不清晰度，单位为毫米。

在有效透照区内布照时，每个点的焦点尺寸产生的几何不清晰度不同。为了能够得到预期的射线底片质量，措施之一便是限定射线透照布置。射线透照布置在通常的技术标准中规定：射线照相必须满足的几何不清晰度，是指工件中可能产生的最大几何不清晰度，相当于射线场边缘射线源侧表面缺陷或射线源侧放置的像质计金属丝所产生的几何不清晰度。在我国技术标准中采用诺模图的形式间接地限制了几何不清晰度；在有些国外技术标准中直接限定几何不清晰度数值。

焦点尺寸一定时，几何不清晰度的变化如图 2-13 所示。射线机焦点尺寸为 d，几何不清晰度 U_g 与缺陷位置和焦距有关，工件中缺陷的几何不清晰度用公式 $U_g = d \times b/(F-b)$ 计算；表面轮廓几何不清晰度用公式 $U_g = d \times T/(F-T)$ 计算；像质计金属丝或空间点几何不清晰度用公式 $U_g = d \times L_2/(F-L_2)$ 计算。

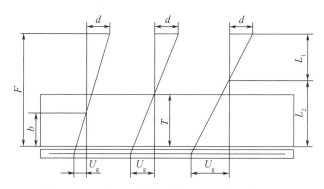

图 2-13　几何不清晰度示意图（焦点尺寸一定）

焦距一定时，几何不清晰度的变化如图 2-14 所示。当透照采用相同焦距时，几何不清晰度 U_g 与各位置焦点尺寸和射线束入射方向有关。图示仅以表面轮廓为例，其几何不清晰度为

$$U_g = d_1 \times T/(F-T)$$

式中，d_1 是由焦点 d 的方位特性引起的。

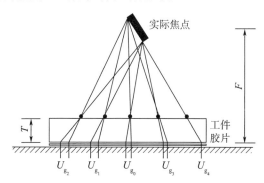

图 2-14　几何不清晰度示意图（焦距一定）

正是由于焦点（尺寸）、缺陷边缘点位置和记录介质（胶片）的相对位置，按照几何投影关系产生了几何不清晰度。

通常技术标准规定的是射线中心束方向表面轮廓产生的几何不清晰度。实际应用中并非这样，实际焦点（如长方形）在各射线束方向上的投影尺寸（各方向上的有效焦点尺寸，理论上有无数个）不同；空间点、表面轮廓或缺陷的边缘点所处在的线束位置不同；记录介质的摆放不同，这些因素单个或多个都会影响几何不清晰度的变化。

在检测过程中产生几何不清晰度的边缘点有四种：胶片侧像质计金属丝的边缘点，工件内部缺陷的边缘点，源侧工件表面轮廓的边缘点，源侧焊缝余高支撑的像质计金属丝的边缘点（在母材区为空间边缘点）。边缘点的变化范围依次为：约 $2 \text{ mm} \rightarrow (2 \sim T)\text{mm} \rightarrow (T)\text{mm} \rightarrow (T \sim L_2)\text{mm}$。边缘点只是所处的空间位置不同，可以统一理解为空间边缘点的位置，工件厚度只是透照计算的特例。显然，越靠近胶片的空间边缘点，几何不清晰度越小，越靠近源侧的空间边缘点，几何不清晰度越大。

记录介质的摆放对几何不清晰度的影响主要有两方面：胶片至工件的距离和变形。当胶片与工件紧贴（间隙约 2 mm 范围）时，几何不清晰度最小；当胶片与工件不紧贴时，几何不清晰度变大，这也是标准规定必须紧贴的原因。在有焊缝余高的情况下紧贴胶片，在余高区域产生影像畸变，几何不清晰度也会发生变形。所以把控焊缝表观质量，对余高范围和圆滑过渡要做好控制，必要时去除余高。

当记录介质为平板等数字介质，工件置于记录介质至射线源之间的某一位置时，图像放大，使得图像分辨率得到提高，几何不清晰度增大。通常采取最佳放大倍数限制几何不清晰度过度增大。显然平板介质的摆放对几何不清晰度只有距离影响，无变形影响。

要减小射线检测几何不清晰度，需要将上述各影响因素综合应用并优化，特别是对透照布置进行优化选择，具体的措施有：

1) 控制焦点尺寸；

2) 阳极侧垂直于射线束布照；

3) 缺陷取向（如裂纹方向）与焦点最大投影尺寸平行，如焊缝平行于两级连线阳极侧布照，焊缝的横向裂纹比纵向裂纹几何不清晰度要小；

　　4）弧坑部位紧贴胶片；

　　5）焊缝余高尽可能低且圆滑过渡；

　　6）机加工件在成品厚度状态下检测；

　　7）采用较大焦距检测等。

　　实际焦点的方位投影确定了射线照相的有效焦点，在一定焦距处具有 T 厚度的工件产生了相应的几何不清晰度。而按照诺模图（图 2-15）可查得 T 厚度的工件在不同方位有效焦点处所允许的最小焦距，在允许的最小焦距处产生了几何不清晰度，这个几何不清晰度为射线照相所允许的最大几何不清晰度。

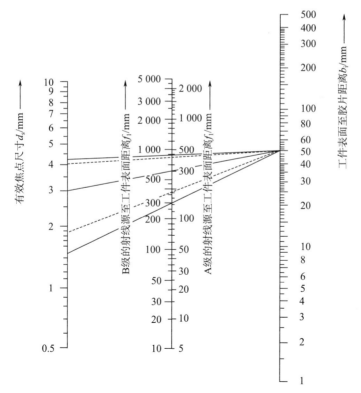

图 2-15　确定不同方位允许的最小焦距的诺模图（$d=3$ mm）

　　具有 T 厚度的工件，在布照时所处的方位焦点尺寸、布照焦距确定的情况下，产生了方位几何不清晰度；在每个方位上，按图 2-15 确定的最小焦距，产生了射线照相允许的最大几何不清晰度。方位几何不清晰度和允许的最大几何不清晰度见表 2-3。

表 2-3　方位几何不清晰度

方位	因素	投影尺寸/mm		焦点尺寸/mm	(基准)焦距 f /m	方位几何不清晰度/mm	允许的最大几何不清晰度/mm（$T=50$ mm）
		a	b	$\dfrac{a+b}{2}$			
阴阳极连线	40°	5.64	3	4.32	(1)　2	(0.004 3T) 0.002 1T	0.48
	35°	5.03	3	4.02	(1)　2	(0.004 0T) 0.002 0T	0.47
	20°	3.00	3	3.00	(1)　2	(0.003 0T) 0.001 5T	0.48
	5°	0.76	3	1.88	(1)　2	(0.001 9T) 0.000 9T	0.47
	0°	0	3	1.50	(1)　2	(0.001 5T) 0.000 8T	0.47
中心垂直连线	20°	3	2.82	2.91	(1)　2	(0.002 91T) 0.001 4T	0.48
	10°	3	2.95	2.98	(1)　2	(0.002 98T) 0.001 5T	0.47
	0°	3	3.00	3.00	(1)　2	(0.003 00T) 0.001 5T	0.48
	10°	3	2.95	2.98	(1)　2	(0.002 98T) 0.001 5T	0.47
	20°	3	2.85	2.93	(1)　2	(0.002 91T) 0.001 4T	0.48

由表 2-3 观察看出：在相同焦距时，不同方位的几何不清晰度相异。

圆锥场的基准焦距（1 000 mm 处）方位几何不清晰度在 0.001 5T～0.004 3T mm，但射线照相以中心点 0.003 0T mm 表征；球锥场在 2 000 mm 处的方位几何不清晰度在 0.000 8T～0.002 0T mm 范围内，$U_g \leqslant 0.002\ 0T$ mm。显然，底片上影像的几何不清晰度从 0.003 0T mm 减小到 0.002 0T mm。

按方位焦点尺寸及诺模图最小焦距计算，得到一致的允许最大几何不清晰度。国外标准是对一定厚度的工件直接限定最大几何不清晰度值；而国内标准则间接限定最小焦距，其实质是对布照影像的清晰程度做限制。

垂直连线上焦点尺寸变化较小，方位几何不清晰度值接近，以两线交点处的投影尺寸为垂直连线上任一方位的焦点尺寸。

方位几何不清晰度提高是由焦距变大所引起的，焦距越大，几何影像越清晰。

日常 300 kV 有效焦点尺寸为 3 mm 的射线机，按图 2-15 查得方位最小距离 f 见表 2-4。

表 2-4　有效焦点尺寸为 3 mm 的方位最小距离

方位 ＼ 因素	允许的最大几何不清晰度/mm	工件厚度/mm	方位角	焦点尺寸/mm	射线源至工件的最小距离 f（A 级）/mm
阴阳极连线	0.48	50	40°	4.32	450
			35°	4.02	420
			20°	3.00	310
			5°	1.88	210
			0°	1.50	160

　　由表 2 - 4 所列的方位几何不清晰度可以看出：由阴极侧到阳极侧，几何不清晰度逐渐减小，可通过调节焦距使各方位几何不清晰度一致（或差距减小），可概括为"阳极近，阴极远"，如图 2 - 16 所示。相反，当采用阴极近、阳极远的作业布置时，其结果难以达到所期望的检测质量。所采用的布置焦距必须满足最小焦距要求。

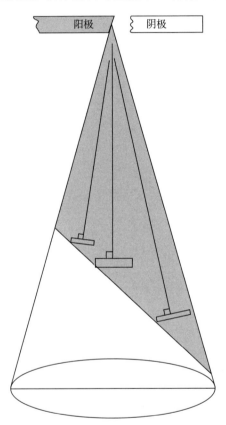

图 2 - 16　相近几何不清晰度布置示意图

　　同理，假如有一个有效焦点尺寸为 5 mm 的射线机，按图 2 - 17 所示的诺模图查得方位最小距离 f 见表 2 - 5。

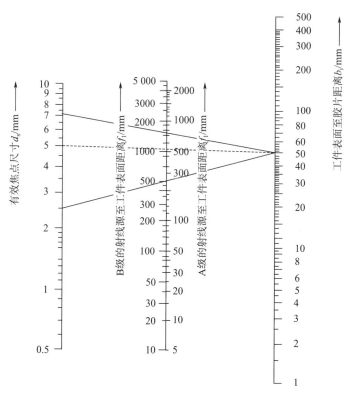

图 2 - 17　确定不同方位允许的最小焦距的诺模图（$d = 5$ mm）

表 2 - 5　有效焦点尺寸为 5 mm 的方位最小距离

方位 \ 因素	允许的最大几何不清晰度/mm	工件厚度/mm	方位角	焦点尺寸/mm	射线源至工件的最小距离 f（A级）/mm
阴阳极连线	0.48	50	40°	7.2	750
			20°	5.0	520
			0°	2.5	260

　　将此有效焦点尺寸 3 mm、5 mm 两种情况绘制成图 2 - 18 所示的立体直观图，形成工件布照的焦距禁区图。

　　从禁区图可以看出：

　　1）射线机有效焦点尺寸越大，焦距禁区越大。

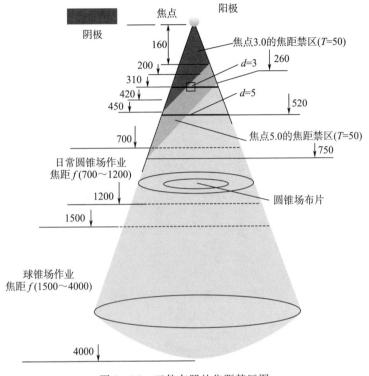

图 2 - 18　工件布照的焦距禁区图

2）对一确定距离的焦点，中心束焦距禁区边界为"水平"平面；方位束焦距禁区边界为"倾斜"面。

3）禁区外的布照符合标准规定的影像几何清晰度。

4）大焦距（1 500～4 000 mm）射线作业时，在设定影像几何清晰度的情况下，宜采用大焦点的射线机（管电流较大，一般 $I >$ 5 mA，曝光时间 $t <$ 3 min），减少曝光用时。

（4）几种不同透照布置的几何不清晰度

以母材厚度 12 mm，单侧余高 3 mm 双面成型焊缝，机加厚度 8 mm 为例，按 NB/T47013.2—2015 标准 AB 级进行不同透照布置，其边缘点的几何不清晰度见表 2 - 6。

表 2 - 6 不同边缘点的几何不清晰度

(单位：mm)

边缘点部位	焊接状态				机加状态			
	d	$b/T/L_2$	F	U_g	d	$b/T/L_2$	F	U_g
胶片侧像质计	3	2	700	0.008	3	2	700	0.008
工件中心部位	3	11	700	0.048	3	6	700	0.026
源侧轮廓	3	17	700	0.075	3	10	700	0.043
源侧余高处	3	20	700	0.088	3	10	700	0.043
阳极18°偏角轮廓	1.5	17	700	0.037	1.5	10	700	0.022
阴极18°偏角轮廓	3.2	17	700	0.080	3.2	10	700	0.046
胶片侧像质计	3	2	1400	0.004	3	2	1400	0.004
工件中心部位	3	11	1400	0.024	3	6	1400	0.013

由表 2 - 6 可知，最大几何不清晰度发生在阴极侧布照，由焊缝源侧余高部位产生，即 d 为 3.2 mm，L_2 为 20 mm。查诺模图得知 AB 级射线源至工件表面最小距离 f 为 220 mm，计算得出几何不清晰度值为 0.291 mm。

显然，透照布置技术包含的产品状态变化对几何不清晰度也有较大影响，但标准允许的最小焦距阴极侧焊缝源侧余高部位应为最大几何不清晰度。

（5）方位焦点尺寸与几何不清晰度的考虑

要获得符合要求的射线底片，显然从控制几何不清晰度开始，应特别关注焦点方位尺寸，再结合焦点至胶片的距离、透照厚度进行综合控制，并且应该考虑如下几点：

1）在透照空间中，计算有效焦点尺寸应以最大尺寸较妥，即长方形、正方形为对角线，椭圆形为长轴等；

2）对某一厚度（或厚度范围）在检测规范中直接限定几何不清晰度值，利于透照布置时设备（焦点）、空间、检测效率、质量要求等；

3）从理论和实践角度分析影响几何不清晰度的因素：焦点方位尺寸、缺陷边缘点位置（包含产品状态的变化）和记录介质的摆放；

4）通过分析对比，优化并总结出提高几何不清晰度的措施：如采用小焦点射线机，合理选取透照布置方位、透照布置取向，采用机加后的透照时机，采用较大焦距透照等；

5）几何不清晰度值明确规定，采用较大焦距透照时，大焦点射线机可以发挥出较大管电流优势：在曝光量一定时，缩短透照时间。

2.2.2　定向 X 射线场强度分布

定向 X 射线管的阳极靶与管轴线方向呈 20°的倾角，因此发射的 X 射线束有 40°左右的立体锥角，随角度不同 X 射线的强度有一定的差异，用伦琴计测量，射线强度有图 2-19 所示的分布：阴极侧比阳极侧射线强度高，在大约 30°辐射角处射线强度最大。并且阴极侧射线中以较多的软射线为主，阳极侧射线中以较多的硬射线为主。

在 X 射线管中产生的 X 射线，其强度随波长的分布如图 2-19 所示，连续谱从最短波长开始，随着波长的加长强度连续变化。

连续谱的最强辐射强度与空间角度的最强辐射强度相对应。当不同方位的连续射线能量、数量各异的各色光子以初始射线强度穿入一定厚度工件时，按指数规律衰减后为透射射线强度穿出，与胶片进行感光（图 2-20）。

在实际检测中，以最大强度波长 $\lambda I \max$ 为中心的临近波段的射线与胶片起主要曝光作用。曝光过程中从入射射线强度（光子的方位能量和数量）、射线强度衰减、出射射线的强度（线质硬化现象、光子的方位能量和数量）、感光的累积程度、潜影的显定影、烘干来判断，最终以一定黑度底片上的对比度"判伤"。照像（造影）工艺含物理、化学过程，过程变化复杂，但从图 2-20 可以看出："输入"与"输出"存在一定的对应关系。

定向 X 射线场的方位强度、射线谱上的强度随波长分布，综合形成了射线强度的"输入"，基于试验材料的经济性、实施工艺性考虑，选取阶梯试块作为试验工件，通过理论分析、黑度测试等手段，将阶梯试块相应厚度对射线强度的影响规律进行深入研究。

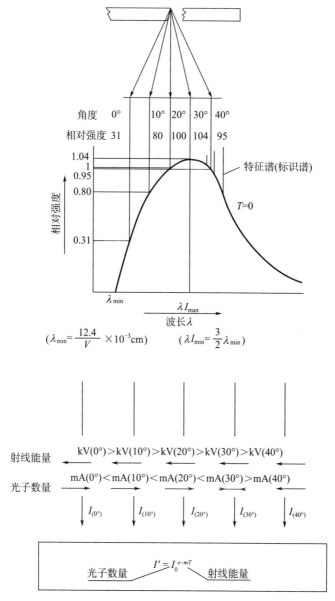

图 2-19　X 射线场强度（方位和射线谱）分布

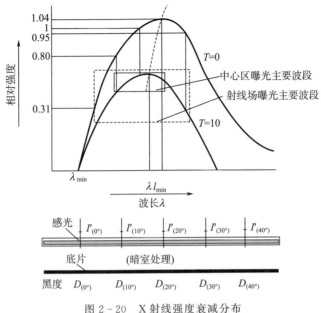

图 2 - 20　X 射线强度衰减分布

射线场强度测试

射线场强度测试包括方位黑度和方位黑度差范围分析。方位黑度分析采用阶梯试块透照法。阶梯试块透照法不需要特制的试验工件，可避免因工件公称厚度与制作和使用时线束方向厚度差变化大等不利影响。由于阶梯试块可通过平板试块的组合形成适宜射线能量强度的厚度，适用于定向 X 射线场强度的衰减工件。通过选择射线机的参数、适宜的厚度组合范围，控制基准焦距各方位线束方向厚度差的范围，从而获得足够的有效各方位黑度。

通常，在曝光曲线上的某一特定厚度值，有无数个透照电压和曝光量的组合，它们对应着同一个黑度，换句话说，大电压小曝光量组合参数或小电压大曝光量组合参数可得到一致的黑度。透照电压、曝光量的选择不是定值，因而选择范围较宽。由标准限制可知，在基准焦距时，曝光量有最低限定值（如 15 mA · min 或 20 mA · min），间接地限制了透照电压。表 2 - 7 中测试的厚度组合为阶梯试块与平板试块组合，测试材质为 Q345B。

表 2-7　测试对象几何和材料属性

类别	阶梯试块	平板试块
材料	Q345B(GB/T 3274—2017)	Q345B(GB/T 3274—2017)
热处理	正火状态	正火状态
尺寸	长度：15×10 mm 宽度：100 mm 厚度：2×10 mm	长度：150 mm 宽度：100 mm 厚度：10 mm
组合状态	1 块阶梯＋1 块 10 mm 厚平板	

采用 300 kV 定向射线机进行测试。测试系统还包括：胶片、自动洗片机、黑度计和观片灯。

组合试块的布照方式采用各方位等焦距布置，且采用 GJB 1187A—2001 规定的基准焦距，如图 2-21 所示。

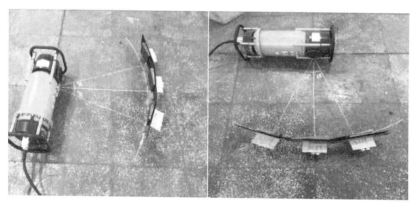

图 2-21　组合试块的布照方式

测试使用黑度测试法，选用试块组合中间某厚度为透照厚度，曝光量为基准曝光量，透照电压按曝光曲线选取。各方位曝光过程采用相同布置、相同胶片系统、相同曝光参数、相同暗室处理，得到射线底片。不同底片上的黑度变化对应不同方位上的射线强度变化。每个方位上选取不同台阶厚度的黑度测试 3 点，然后取其均值。

只要在各阶梯厚度上具备足够的黑度值，就对应着方位射线强度。因此，在射线底片上分别选取若干台阶影像点进行黑度测试，得到相应的厚度状态参数。台阶影像测试点的选取情况如图 2-22 所示。

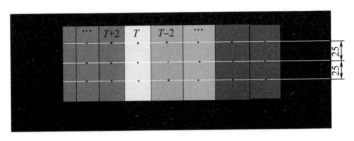

图 2-22　台阶影像测试点选取的情况

测试时，黑度计预热不少于 10 min，使用标准密度片进行校验。必要时对测试点的位置进行辅助定位。测试结果分别见表 2-8、表 2-9。

表 2-8　阶梯试块的黑度参数

阶梯厚度/mm	测试点	阳极侧 10° 黑度	中心位置 20° 黑度	阴极侧 30° 黑度
	第 1 点	4.86	4.94	3.58
12	第 2 点	4.87	4.95	3.64
	第 3 点	4.98	4.97	3.68
	第 1 点	4.03	3.97	3.32
14	第 2 点	4.08	4.02	3.35
	第 3 点	4.11	4.08	3.36
	第 1 点	3.35	3.28	2.88
16	第 2 点	3.38	3.33	2.90
	第 3 点	3.40	3.34	2.93
	第 1 点	2.76	2.72	2.35
18	第 2 点	2.82	2.76	2.40
	第 3 点	2.83	2.79	2.41

续表

阶梯厚度/mm	测试点	阳极侧 10°黑度	中心位置 20°黑度	阴极侧 30°黑度
20	第 1 点	2.29	2.27	1.98
	第 2 点	2.32	2.30	1.99
	第 3 点	2.34	2.33	1.99
22	第 1 点	1.89	1.88	1.65
	第 2 点	1.88	1.91	1.66
	第 3 点	1.91	1.91	1.69
24	第 1 点	1.57	1.59	1.37
	第 2 点	1.57	1.62	1.38
	第 3 点	1.59	1.64	1.40
26	第 1 点	1.25	1.35	1.16
	第 2 点	1.26	1.38	1.17
	第 3 点	1.27	1.40	1.18
28	第 1 点	0.93	1.25	1.10
	第 2 点	0.93	1.29	1.11
	第 3 点	0.94	1.30	1.12

表 2 - 9　阶梯试块的平均黑度参数

阶梯厚度/mm	阳极侧 10°平均黑度	中心位置 20°平均黑度	阴极侧 30°平均黑度
12	4.90	4.95	3.63
14	4.07	4.02	3.34
16	3.38	3.32	2.90
18	2.80	2.76	2.39
20	2.32	2.30	1.99
22	1.89	1.90	1.67
24	1.58	1.62	1.38
26	1.26	1.38	1.17
28	0.93	1.28	1.11

　　根据试验测试结果，可以得到方位射线强度、方位射线的线质、方位分布对黑度和黑度差范围质量参数的不同影响，见表 2-10、表 2-11。

表 2-10　方位分布对黑度的影响

阶梯厚度/mm	阳极侧 10°黑度	中心位置 20°黑度	阴极侧 30°黑度
12			3.63
14	4.07	4.02	3.34
16	3.38	3.32	2.90
18	2.80	2.76	2.39
20	2.32	2.30	1.99
22	1.89	1.90	1.67
24	1.58	1.62	

表 2-11　方位分布对黑度差范围的影响

阶梯厚度/mm	阳极侧 10° D	中心位置 20° D	阴极侧 30° D
14	2.81	2.64	2.17
26			
12	3.97	3.67	2.52
28			

　　1）由表 2-10 可知，大电压小曝光量组合参数或小电压大曝光量组合参数在适宜的厚度范围透照，可得到标准规定的黑度，为常用检测参数。方位分布对底片黑度影响不大。

　　2）由表 2-11 可知，射线强度的方位分布在较大的厚度范围内透照，得到的方位黑度差较大。在同等厚度差的情况下，阳极侧的黑度差比阴极侧的黑度差大。说明阳极侧硬质射线成分多，相当于较高电压透照；阴极侧软质射线成分多，相当于较低电压透照。在同等厚度情况下，硬质射线强度衰减慢，软质射线强度衰减快。

　　3）由表 2-10 和表 2-11 可知，尽管采用同一表征的检测参数，但阳极方位相对于中心方位是采用较高电压和较小曝光量检测，阴极方位相对于中心方位是采用较低电压和较大曝光量检测。因而阳极方位需要提高基准曝光量，相应黑度的透照电压降低，因而不同厚度布照时，采用图 2 - 23 所示的布照方式。

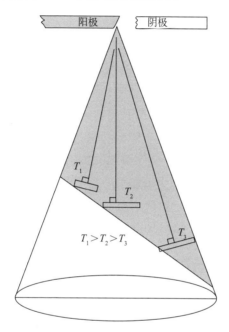

图 2 - 23　曝光量方位布置图

在射线场布置工件：阳极侧的小焦距宜布置相对较厚的工件，阴极侧的较大焦距宜布置相对较薄的工件。

2.2.3　散射线及半影区的控制

X 射线透照时，射线经过空气、工件、暗盒、地面、墙壁、桌面等都会引起部分射线运动方向改变、能量减小、波长变长而成为散射线。将来自暗袋正面的散射称为"前散射"，来自暗袋背面的散射称为"背散射"，来自试件周围的散射称为"边蚀散射"。这些散射对射线检测来说都是有害的，散射线会使射线底片的灰雾黑度增大，影像对比度降低。因一切受照射的物体都是散射源，所以实际的散射线是无法消除的，只能尽量设法减少。采用措施要综合考虑，权衡选择，以吸收软射线和屏蔽散射线到达胶片为目的，尤其是要增大射线场中工件的照射面积，使工件自身可以有效吸收部分透射射线，减弱背散射线的强度。总体来看，较大面积的组合检测是散射线控制的一种有效方式，通常采取表 2 - 12 所列的控制措施。

表 2 - 12　散射线的控制措施

序号	控制措施	防护物	控制位置	控制方式	适用工件
1	适宜射线能量	控制台	操作室	适当提高射线能量	变截面工件
2	光栅	铅板	射线机窗口	调节窗口大小	各种工件
3	滤板	黄铜、铅质薄板	射线机窗口	吸收射线源产生的长波射线	变截面工件
			工件与暗盒之间	吸收工件产生的长波射线	高能射线
4	工件	自身	工件	吸收部分前散射	各种工件
5	补偿物	铅粉	工件表面	吸收部分前散射	变截面工件
6	遮蔽物	铅板	区域周边	减少边蚀散射	小工件
7	前增感屏	铅屏	紧贴胶片前侧	吸收低能前散射	100 kV 以上
8	后增感屏	铅屏	紧贴胶片后侧	吸收低能背散射	各种工件
9	背防护铅板	铅板	紧贴暗袋后侧	屏蔽背散射线	各种工件

显然，对于常见的对接纵、环焊缝，将光栅窗口调至最大，正好使得组合检测中透照场被最大利用。可采用的散射线控制为增感屏（100 kV 以上）和铅板背防护。

对于单件检测，按照以上方法控制散射线就可以满足要求，但对于多件组合布照，还存在在近源工件的半影区避开相邻工件有效检测区的问题。显然，避开的区域减小了有效布照面积，使得组合布照面积无法达到 100% 利用，而绝对有效剂量利用率由于组合检测提高数倍，但不能达到 100% 利用，只有对单件等厚度球冠铸件检测，理论上可以达到 100% 利用。

半影区的控制原理如图 2 - 24 所示。

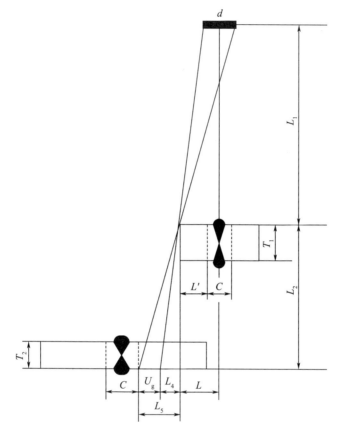

图 2 - 24　半影区的控制原理图

由图 2 - 24 可以得到以下公式

$$U_g = \frac{d \times L_2}{L_1} \qquad (2-1)$$

$$L_4 = \frac{(L - d/2) \times L_2}{L_1} \qquad (2-2)$$

将式（2 - 1）和式（2 - 2）相加，得到半影区的影响距离 L_5

$$L_5 = \frac{L_2(L + d/2)}{L_1} \qquad (2-3)$$

实际检测时，由于 $L \gg d$ ，所以 d 可以忽略不计，故半影区的影响距离 L_5 可近似为

$$L_5 \approx \frac{L_2 L}{L_1} \qquad\qquad (2-4)$$

关于半影区影响距离 L_5 的说明如下：

1）近源工件对相邻远源工件存在半影影响距离；

2）半影影响距离为从近源工件边缘到相邻远源工件检测区边缘的距离，在实际检测时为最小避让尺寸；

3）L 为实物（包含工装大于工件的情况）的最大尺寸；

4）在设备（焦点尺寸）、近源工件布照已确定的情况下，相邻的远源工件只有减小焦距差 L_2 才可以提高剂量利用率；

5）组合检测的焦距相差越大，有效剂量利用率越低；

6）当组合检测的焦距差 L_2 为 0 时，半影区的影响距离 L_5 为 0，组合状态为相同焦距组合检测；

7）当组合状态为相同焦距组合检测时（必须远源工件的尺寸为 C），L'（或 L）为剂量利用率的影响因素；

8）实际检测时，在剂量利用率最大时的不同焦距组合状态为：$L_2 = T_1 + T_2$。

2.3　X射线透照检测的质量控制

2.3.1　影像质量控制图

将 X 射线检测的工艺要素汇集在曝光曲线上，高等级胶片检测的"左上移"指出了质量控制的方向和措施。射线检测底片上的影像清晰程度方向、大小如图 2-25 所示。由图可知：

1）向下方向曝光量越小，透照参数电压越高，向下分量 U_i 越大。这就解释了检测标准所规定的"透照电压尽可能最小"。

2）向右方向厚度越大，分量 U_g 越大。在焊接件机加以后，厚度减小，在相似的检测工艺中除了降低透照电压，还应使 U_g 变化更

为明显，使检测灵敏度显著提高。

3）向右方向厚度越大，透照参数电压越高，向右分量 U_i 就越大。

由此得出结论：当机加厚度变化较大时，X 射线检测（工序安排）应在机加后为宜。并且机加后（或检修）的 X 射线检测底片影像与机加前的 X 射线检测底片影像可比性不强。

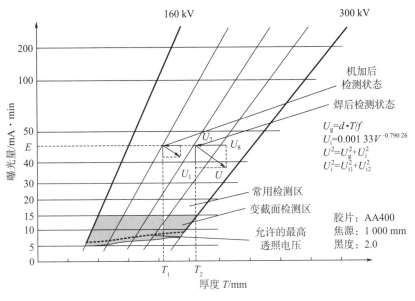

图 2-25 影像质量控制图

2.3.2 影像质量控制应用

以某工件检修为例进行说明。工件状态及检测参数见表 2-13。

检测要求：按 GJB 1187A—2001 中 A 级进行 X 射线检测。

检测时机：焊后；检修（机加后）。

表 2 - 13　某产品状态及检测参数

产品状态					
焊后透照参数			检修透照参数		
厚度/mm	透照电压/kV	曝光量/ mA·min	厚度/mm	透照电压/kV	曝光量/ mA·min
24	85	20	12	65	20

标准要求：$T=24$ mm 时，最小焦距 $F_{min}=180$ mm；允许的最高管电压为 95 kV

$T=12$ mm 时，最小焦距 $F_{min}=110$ mm；允许的最高管电压为 70 kV

设备参数：$d=3.0$ mm

布照参数：$F=1\,000$ mm（圆锥场）；$F=2\,000$ mm（球锥场）

工件影像质量控制见表 2 - 14。

表 2 - 14　工件不同状态的影像质量
（单位：mm）

状态 工艺因素	焊后不清晰度		检修不清晰度	
	U_i	U_g	U_i	U_g
标准规定	0.048 6	0.400	0.038 2	0.327
圆锥场	0.044 5	0.072	0.036 0	0.036
球锥场	0.044 5	0.036	0.036 0	0.018

由表 2 - 14 得出：

1）工件状态发生变化时，检测影像的清晰度就会发生变化，故检测时机的安排是十分重要的；

2）当检测透照参数发生变化时，检测影像的清晰度会发生变化，当采用影像清晰的低电压、大曝光量参数时，检测效率降低；

3）当采用球锥场大焦距组合布照时，既提高了影像清晰度，又提高了检测效率。

2.3.3　暗室处理质量控制

X 射线照相检测流程长、环节多。在透照方式、透照参数（电压、电流、时间和焦距）确定之后，暗室处理（药液浓度、温度、处理时间、药液污染失效、水迹、划伤和水质等）及黑度对底片质量有决定性的影响。

采用手工洗片和自然晾干进行暗室处理时，溶液温度、浓度和处理时间以及操作过程中造成的伪缺陷等因素，都将影响到底片质量。需要对工艺措施改进，来减少这些因素的影响，例如：

1）暗室处理参数控制，将药液浓度、温度、处理时间控制在可控范围之内；

2）减少伪缺陷的产生，减少人为因素影响等。

为此，采用自动工业洗片机来解决上述问题。自动工业洗片机配备有热水器、除湿机、净水器、空调、换气扇、辊轴清洗槽等，使暗室处理能力水平（底片处理质量、效率）大幅提升。同时自动工业洗片机避免了药液、温度、时间、药液污染、水迹、水质、划伤等因素的影响：

1）当药液浓度变化，系统会自动补充配制好的药液，使药液浓度保持在一定水平。

2）机器可对温度进行控制，当药液温度低于或高于设定温度时，温度传感器就会报警，禁止仪器运行。

3）机器可对时间进行控制，可根据要求设定洗片速度。

4）机器可自动避免药液相互污染，显影槽、喷淋水洗、定影槽、水洗槽、烘干箱逐级相互独立。

5）机器可避免划伤粘连，各处理槽中辊轴表面采用柔性材料避免划伤，进片口有感应器，当前一张胶片完成进片动作，才允许后一张进入，避免了粘连问题。

6）机器可处理水质问题，为了避免自来水中杂质等产生的影响，在洗片机进水口可安装净水装置。

7）为避免水迹产生伪缺陷，烘干温度可根据要求自行设定，使底片达到评片要求。

8）同时，自动工业洗片机的暗室还配备有空调，可控制暗室环境温度；配备有除湿机，保持暗室湿度在标准范围之内，避免湿度过大造成底片粘连；配备换气扇，可及时排出高温冲洗产生的有害药液化学气体；配备辊轴清洗槽，可对各处理槽中的辊轴进行定期清洗，保持辊轴清洁，避免化学药液等杂质污染底片等。

　　常规射线照相法的检测成本较高，且检测速度不快。射线照相组合检测可实现不同（或相同）厚度批量工件一次透照，既能提高检测效率，又能减少人员进出射线工房的次数，从而减少射线辐射危害和臭氧危害。检测时，将射线机朝向地面或背离操作间的方向进行透照，都是十分有效的防护措施。

第3章 射线照相组合透照工艺

3.1 射线照相组合检测工艺条件的选择

射线照相组合检测的基础为常规射线照相，采用的设备器材并无不同，但透照几何条件、工艺参数条件和工艺措施条件等有所不同。本节主要通过对垂直布照方法、组合布照方法、参数确定方法的分析及控制，实现对不同厚度组合透照精确控制的理论、方法研究及检测参数的优化。

3.1.1 垂直布照方法与控制

X射线的直线传播特性，使得射线无论从平板工件的任何角度透入，均不会改变射线的传播方向。所不同的是透入方向与平面的法线夹角越小，射线在工件中的传播路径就越短，最短路径是在工作中沿着法线方向传播的路径。相反，夹角越大，射线在工件中的传播路径越长。

（1）垂直布照对透照过程的影响

实际检测如图 3-1 所示，"点"光源辐射出 40°的"锥形"透照场，在平面工件任一 θ 角的线束方向上，工件中传播路径 T' 是不同的。透照场的"锥形"线束导致平面工件必然为不同厚度的透照。通常中心线束部位厚度最小，底片黑度最大，两侧线束部位厚度变大，底片黑度变小。因此，检测作业时相关标准限定了允许的透照厚度比 $K（K = T'/T）$或检测角 θ，相应地限制了每次透照作业的有效面积范围（或长度范围），间接地限制了底片黑度变化范围。

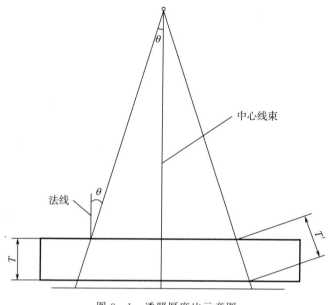

图 3-1　透照厚度比示意图

（2）圆锥形透照场的有效布置范围

圆锥形透照场只有一条中心线束可以垂直指向透照区中心，如图 3-2 所示，有效布置范围为以 O 点为圆心，以 $F \cdot \tan[\arccos(T/T')]$ 为半径的圆形区域，形成射线检测可利用区。实际检测时，以工件形状（或单次检测长度）形成实际利用区。圆形区域外底面再无垂直线束，不允许进行射线布照作业，形成未有效利用区。

不难看出，在焦距一定时，也就确定了锥形场的底面积。实际利用面积越大，射线剂量利用率就越大。相反，未有效利用的面积越大，射线形成环境辐射危害就越大，导致射线检测作业的辐射防护成本增加，同时对人体的危害也增加了。

通常在基准焦距（$F = 1\ 000$ mm）时，锥形场射线检测作业只能在中心区域布置一次，实际利用面积为暗袋面积（80 mm×460 mm＝36 800 mm²）。锥形场的可利用面积为 π · （1 000 · tan 13°)²，取值为 167 362 mm²，剂量利用率为 36 800/167 362，计算结果约为 22%。

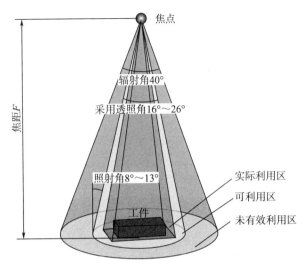

焦点

辐射角40°

采用透照角16°～26°

照射角8°～13°

实际利用区

可利用区

未有效利用区

工件

焦距F

图 3 - 2　有效布置区示意图

（3）基于圆锥形透照场的垂直布照方法

根据圆锥形透照场应用可知，垂直布照有垂直厚度 T 和透照厚度比 K 两个基本要求。垂直厚度确定了工件布照中心的法线，透照厚度比确定了法线周围允许的厚度变化范围。实际检测时，只存在看不见的射线场和具有方位取向的工件，圆锥形透照场的底面（一般为水平地面）是为方便检测而人为以工件底平面构造的辅助面。所以垂直布照的关键是解决垂直厚度和透照厚度比，为此构造如图 3 - 3 所示的球锥底面，形成球锥形透照场。只要工件透照区中心相切于球面，就实现了垂直布照，这种垂直布照同时满足了垂直厚度和透照厚度比要求。显然，有多少个相切点就有多少个垂直线束，图示布照有 5 条垂直线束，这 5 个布照区各自满足了垂直厚度和透照厚度比要求，突破了同一透照场只有中心一条线束垂直的限制，可利用区的面积显著增加。

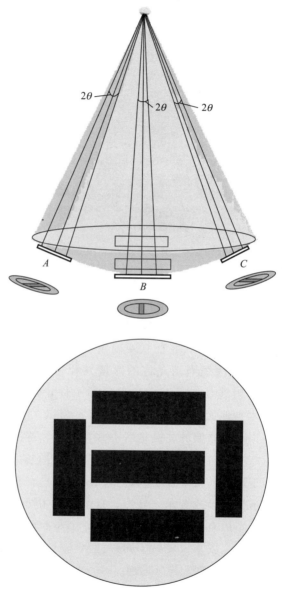

图 3 - 3　球面相切垂直示意图

在基准焦距（$F=1\,000$ mm）时，球锥形场射线检测作业可以任意相切布置一个暗袋（胶片），使可利用面积扩大了 376 800/167 362＝2.251 倍，也就是相对剂量利用率取值范围从 0～100％变为 0～225％。实际利用面积为 360 mm×80 mm×N（暗袋数量）的暗袋面积（28 800N mm²）。如图 3-3 所示，暗袋总面积（$N=5$）与圆锥形场的可利用面积相比，剂量利用率为 144 000/167 362，计算结果为 86％。

辐射剂量利用率是指有效布照的胶片面积与圆锥形透照场可利用区面积之比。该指标用以衡量在一定的辐射时间内，射线剂量的有效利用状况。表 3-1 为基准焦距剂量利用率对比。

表 3-1　基准焦距（$F=1\,000$ mm）透照场对比

透照场	透照场面积/mm²	照射角	可利用面积/mm²	可布片数量 N	布照胶片的面积 $80×L$/mm²	剂量利用率(％)
圆锥形透照场	416 037	13°	167 263	1	36 800	22
球锥形透照场	376 800	20°	376 800	2	57 600	34
				3	86 400	52
				4	115 200	69
				5	144 000	86
				6	172 800	103

计算过程（图 3-4）：

圆锥场：$\tan 20°=0.364$　$\tan 13°=0.230$　$F=1\,000$ mm；

S（20°）＝3.14×364² mm²＝416 037 mm²；

S（13°）＝3.14×230² mm²＝167 263 mm²；

布照胶片面积：80×460 mm²＝36 800 mm²；

理论最大剂量利用率：167 263÷416 037＝0.40；

实际最大剂量利用率：36 800÷167 263＝0.22。

球锥场：

球冠面积：$S=2\pi RH=2×3.14×1\,000×60$ mm²＝376 800 mm²；

布照胶片面积：$80 \times 360 \times 5 \text{ mm}^2 = 144\,000 \text{ mm}^2$；

理论最大相对剂量利用率：$376\,800 \div 167\,263 = 2.253$；

实际最大相对剂量利用率：$144\,000 \div 167\,263 = 0.86$。

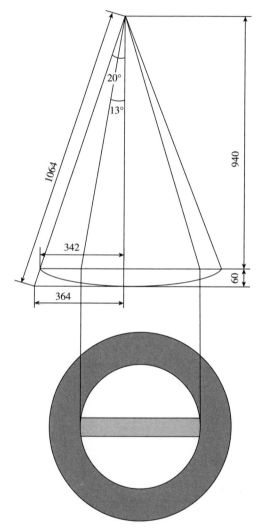

图 3 - 4　透照场计算示意图

实际检测时，工件的形状结构各异，导致可利用区内的实际利用区较小，但未实际利用区可作为另一个工件的实际利用区。球锥形透照场很容易实现 4 张胶片的布照，剂量利用率为 69%。显然，曲率半径为 1 000 mm，高 60 mm 的球冠形铸件布照，剂量利用率最大，较圆锥形透照场的相对剂量利用率为 225%。

3. 1. 2　组合布照方法与控制

为使多个工件的检测区同时在一个透照场进行射线曝光，需对多个工件进行合理布局，并进行布照控制。从技术角度看，组合布照既关系到垂直方法与透照范围的控制，又关系到透照参数的选择与确定。从生产角度看，组合布照既关系到检测质量，又关系到透照效率。组合布照是综合应用射线照相检测技术能力的反映。

（1）组合条件

①组合透照设备

以定向射线机进行应用说明，周向射线机或 γ 源可参照使用。

②组合的透照场

1）圆锥形透照场：辐射角为 13°；

2）球锥形透照场：辐射角为 20°。

③垂直方式

1）圆锥形透照场：在可利用区内（辐射角 13°），组合整体宜垂直于阴阳极连线布置；

2）球锥形透照场：在可利用区内（辐射角 20°），组合个体宜相切于球面且垂直于阴阳极连线布置。

垂直于阴阳极连线的原因：满足单张射线底片有相近的对比度、几何不清晰度、射线线质和曝光量，使单张射线底片的射线照相灵敏度接近一致。

（2）组合布照方式

组合布照的示意图如图 3 - 5 所示。

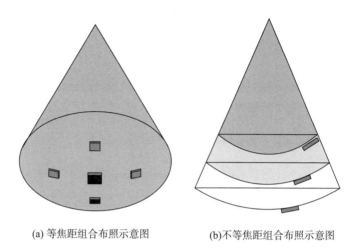

(a) 等焦距组合布照示意图　　　(b)不等焦距组合布照示意图

图 3 - 5　组合布照示意图

①组合布照的基本原则

1）质量控制必须符合检测技术规范及标准要求；

2）优化组合方式，注重检测效率。

②组合布照说明

1）众多组合工件可布照在一个球锥场，单个工件可以图 3 - 2 所示圆锥场进行质量控制。

2）相同厚度的工件既可以采用等焦距组合布照，也可以采用不等焦距组合布照；不同厚度的工件既可以采用不等焦距组合布照，也可以采用等焦距组合布照。本质上来看，方位的布照（如 U_g、F）、透照（如射线线质）质量有些差异，这个差异在检测技术规范中是不会超出一次透照变化范围的。

3）不同检测技术等级的工件也可以组合布照，自然使用的胶片类型可以不同。

4）可以利用大焦距、布照方位、透照参数限制（主要是低电压、大曝光量曝光）进行优于常规射线照相的质量控制。

5）组合布照方式可以优化，组合方式对检测效率有显著影响。

6）从使用效果来看，组合透照是对射线场的最大化利用，单件的射线机辐射剂量减小，对环境的辐射危害降低。

3.1.3　参数确定方法与控制

（1）选取基准参数

在曝光曲线中，选定某一电压作为基准透照电压，依据不同的厚度，选取相对应的曝光量，如图3-6所示。

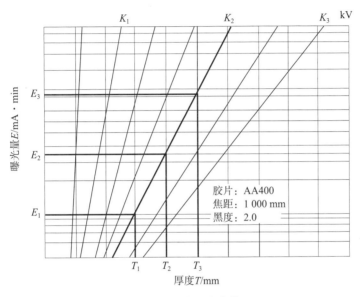

图3-6　选取基准参数

（2）调整基准参数

按相关检测标准要求：在检测技术等级和规定焦距的条件下，选取的任一对应基准曝光量值不小于规定曝光量E_b。如按 GJB 1187A—2001《射线检验》检测，要求焦距 1 000 mm 处的曝光量不小于E_b值 15 mA · min。调整最小厚度对应的曝光量，使之不小于E_b值，找到新的基准透照电压 K，其余厚度以此透照电压 K 选取相对应的基准曝光量，如图3-7所示。

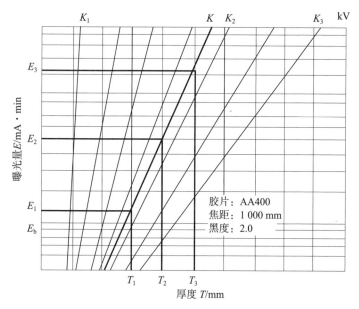

图 3 - 7　调整基准参数

（3）计算透照参数

当基准参数调整完成后，按下列方法之一计算透照参数。

方法一：当采用同一焦距透照不同厚度工件时，曝光时间为 $E/5$（管电流为 5 mA）。

方法二：当采用同一时间透照不同厚度工件时，就要按平方反比定律采用不同的布照焦距，对透照时间进行"同一化"处理，达到同一时间完成不同厚度工件的透照。不同厚度工件的焦距按下式计算

$$F = F_0 \sqrt{\frac{E}{E_n}} \tag{3-1}$$

式中　F_0——基准焦距；

　　　E——标准曝光量；

　　　E_n——基准曝光量。

通常，最小厚度的 E_1 取 E_b 值。

按照不同的检测标准，焦距按表 3-2 进行计算。

表 3-2　布照焦距计算表

序号	级别	基准焦距/ mm	标准曝光量 E_b / mA·min	布照焦距 F / mm	备注
1	A	700	15	$\dfrac{2\ 711}{\sqrt{E_n}}$	NB/T 47013.2—2015《承压设备无损检测 第2部分:射线检测》
2	AB	700	15		
3	B	700	20	$\dfrac{3\ 130}{\sqrt{E_n}}$	
4	A	1 000	15	$\dfrac{3\ 873}{\sqrt{E_n}}$	GJB 1187A—2001《射线检验》
5	B	1 000	20	$\dfrac{4\ 472}{\sqrt{E_n}}$	

显然，在同一时间进行透照，只需在同一透照场中将不同厚度材料工件按相对应焦距进行组合布照。

方法三：将上述两种方法组合使用。

3.2　组合检测透照参数的应用

（1）技术要求

射线检测透照参数技术要求详见表 3-3。

表 3-3　射线检测透照参数技术要求

序号	项目	要求	备注
1	级别	A	GJB 1187A—2001《射线检验》
2	基准焦距	1 000 mm	GJB 1187A—2001《射线检验》A 级
3	标准曝光量	15 mA·min	GJB 1187A—2001《射线检验》A 级

（2）不同厚度材料透照参数选取

以 20、22、24、26、28 mm 钢焊接试板作为检测对象，选 230 kV 为基准透照电压，可得到相对应的曝光量，如图 3-8 所示。

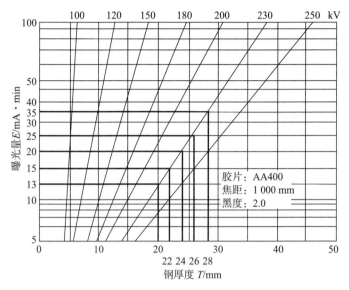

图 3-8　在曝光曲线上选取透照参数

在图 3-8 中，20、22、24、26、28 mm 钢焊接试板采用 230 kV 为基准透照电压，对应曝光量分别为 13、15、20、25、35 mA·min。

（3）不同厚度材料基准参数调整

从上述对应曝光量可以看出，20 mm 钢焊接试板对应曝光量为 13 mA·min，不满足技术要求中 A 级 15 mA·min 的规定。这就需要调整最小曝光量以满足要求，找到新的基准透照电压，从而得到不同厚度新的对应曝光量，如图 3-9 所示。

在图 3-9 中，20、22、24、26、28 mm 钢焊接试板采用新的基准透照电压 215 kV，对应曝光量分别为 15、20、30、35、45 mA·min。可以看出，所有厚度对应的曝光量均满足技术条件要求。

（4）计算不同厚度材料的透照参数

按上述方式调整基准参数后，就需要进行参数计算，得出最终实际透照参数。方法有三种：第一种，采用同焦距透照不同厚度工件，需要分别算出其对应的曝光时间；第二种，采用同一时间

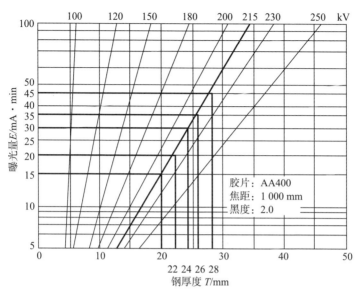

图 3-9　调整基准参数

透照不同厚度工件，需要分别算出其对应焦距；第三种，将上述两种方法组合，采用不同焦距、不同时间透照不同厚度工件。采用同焦距、不同时间计算不同厚度透照参数具体见表 3-4。

表 3-4　不同厚度工件采用同焦距不同时间计算透照参数

序号	工件厚度/mm	透照方式	透照参数		
			焦距/mm	计算（管电流 5 mA）	曝光时间/min
1	20	同焦距	1 000	$E/5$ mA, $E=15$ mA·min	3
2	22	同焦距	1 000	$E/5$ mA, $E=20$ mA·min	4
3	24	同焦距	1 000	$E/5$ mA, $E=30$ mA·min	6
4	26	同焦距	1 000	$E/5$ mA, $E=35$ mA·min	7
5	28	同焦距	1 000	$E/5$ mA, $E=45$ mA·min	9

采用同时间不同焦距计算不同厚度透照参数具体见表 3-5。

表 3 - 5　　不同厚度工件采用同时间不同焦距计算透照参数

序号	工件厚度/mm	透照方式	透照参数		
			曝光时间/min	计算($E=15\ \text{mA} \cdot \text{min}$)/mA · min	焦距/mm
1	20	同时间	3	$E_1 = 15$	1 000
2	22	同时间	3	$E_1 = 20$	866
3	24	同时间	3	$E_1 = 30$	707
4	26	同时间	3	$E_1 = 35$	655
5	28	同时间	3	$E_1 = 45$	577

注：表中 $F = F_0 \sqrt{\dfrac{E}{E_n}}$（位于计算列）

将两种方法组合使用，采用不同时间、不同焦距来透照不同厚度的工件，我们人为规定曝光时间分别为 3、5、7、9、11 min，计算透照参数具体见表 3 - 6。

表 3 - 6　　不同厚度工件采用不同时间、不同焦距计算透照参数

序号	工件厚度/mm	透照方式	透照参数		
			曝光时间/min	计算（管电流 5mA）/mA · min	焦距/mm
1	20	不同时间不同焦距	3	$E_1 = 15$　$E = 15$	1 000
2	22	不同时间不同焦距	5	$E_1 = 20$　$E = 25$	1 118
3	24	不同时间不同焦距	7	$E_1 = 30$　$E = 35$	1 080
4	26	不同时间不同焦距	9	$E_1 = 35$　$E = 45$	1 134
5	28	不同时间不同焦距	11	$E_1 = 45$　$E = 55$	1 105

注：表中 $F = F_0 \sqrt{\dfrac{E}{E_n}}$（位于计算列）

各种状态组合透照示意图如图 3 - 10 ～ 图 3 - 12 所示。

曝光时间依次为：$E_1/5$、$E_2/5$、$E_3/5$。

布照焦距依次为：$F_1 = F_0 \sqrt{\dfrac{E}{E_1}}$、$F_2 = F_0 \sqrt{\dfrac{E}{E_2}}$、$F_3 = F_0 \sqrt{\dfrac{E}{E_3}}$。

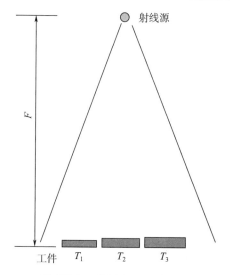

图 3 - 10　不同厚度工件同焦距不同时间透照示意图

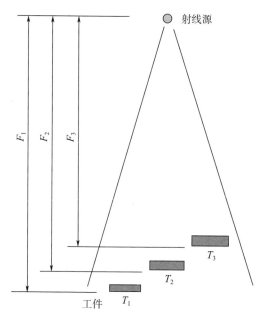

图 3 - 11　不同厚度工件同时间不同焦距透照示意图

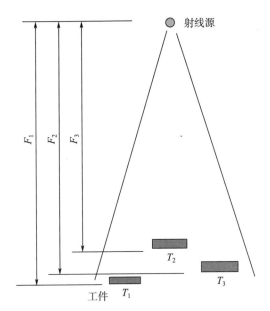

图 3 - 12　不同厚度工件不同时间不同焦距透照示意图

透照曝光量依次为：E_A、E_B、E_C。

布照焦距依次为：$F_1 = F_0 \sqrt{\dfrac{E_A}{E_1}}$、$F_2 = F_0 \sqrt{\dfrac{E_B}{E_2}}$、$F_3 = F_0 \sqrt{\dfrac{E_C}{E_3}}$。

这些组合状态指出，不同厚度的材料可进行多种形式组合布照及透照参数确定。

3.3　不同金属材料的厚度换算

为使钢的曝光曲线适用于铝、铜等其他材料的透照，可利用射线透照等效系数进行厚度换算。射线透照等效系数是指在一定管电压下，获得相同底片黑度（或者说达到相同射线吸收效果）的钢厚度 T_0 与铝（或铜等其他金属材料）厚度 T_m 之比，即 T_0/T_m。

使用钢的曝光曲线，确定铝材料在不同管电压下的射线透照等效系数值，见表 3 - 7。

表 3 - 7　铝的射线透照等效系数值

等效材料	射线能量					
	50 kV	100 kV	150 kV	200 kV	220 kV	250 kV
铝(1100、5A06)	0.08	0.08	0.12	0.14	0.18	0.16
铝(2129、7075)	0.12	0.1	0.13	0.14	0.14	—

常用铝的射线透照等效厚度见表 3 - 8。

表 3 - 8　常用铝的射线透照等效厚度

等效材料	射线能量				
	65 kV	80 kV	70 kV	95 kV	150 kV
铝(5A06)	1/(12)	2/(24)	—	—	9.6/(80)
铝(2219)	—	—	2/(18)	3.5/(35)	—

在检测使用时，通过等效厚度换算，将铝的厚度等效为钢的厚度，就可以使用钢的曝光曲线确定检测参数，实现不同金属材料的组合透照。

3.4　制作曝光曲线

（1）制作曝光曲线的设备及器材

1）X 射线机：300 kV 定向射线机；

2）钢质阶梯试块：可组合厚度（2～20）mm、10 mm、20 mm；

3）胶片：AA400；

4）增感屏：Pb0.03/0.1 mm；

5）洗片机：全自动洗片机；

6）黑度计；

7）观片灯。

（2）透照阶梯试块

第一组透照条件：焦距 700 mm，曝光量 5 mA · min，透照 7 张，透照电压为 140 kV＋n · 20 kV；

第二组透照条件：焦距 700 mm，曝光量 150 mA・min，透照 7 张，透照电压为 140 kV+n・20 kV。

阶梯试块组合厚度范围与射线的能量范围相适应，阶梯试块的选用见表 3-9。

表 3-9　阶梯试块组合

分组	透照电压/kV	阶梯试块/mm
第一组	140+n・20　n=1～7	(2～20)
第二组	140+n・20　n=1～3	(2～20)+20
	140+n・20　n=4～6	(2～20)+10+20
	140+n・20　n=7	(2～20)+20+20

依次序透照 14 次阶梯试块，共计 14 张曝光胶片，同时进行暗室处理，得到待测底片。

（3）数据测量

用黑度计测定获得透照厚度与对应黑度的两组数据，绘制出图 3-13 所示的 D-T（黑度-透照厚度）曲线图（详细见曝光曲线参数表）。

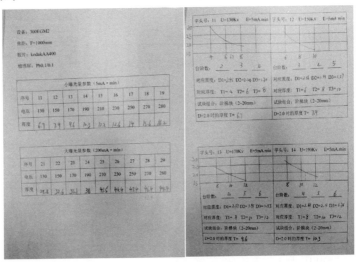

图 3-13　D-T 曲线图

选定一基准黑度值（如 $D=2.0$），从 $D-T$ 曲线图中分别查出相应透照电压下对应于基准黑度值的透照厚度值，记入表 3 - 10 和表 3 - 11。

表 3 - 10　小曝光量透照厚度

小曝光量参数（5 mA · min）						
序号	1	2	3	4	5	6	7
电压/kV	160	180	200	220	240	260	280
厚度/mm	7.8	8.8	18.8	11.5	12.2	14.4	16.8

表 3 - 11　大曝光量透照厚度

大曝光量参数（150 mA · min）						
序号	21	22	23	24	25	26	27
电压/kV	160	180	200	220	240	260	280
厚度/mm	30.2	34.2	38.2	39.0	41.0	46.2	48.5

（4）绘制曝光曲线

在坐标纸上，同一电压按表 3 - 10、表 3 - 11 的数值标出两点，并用直线连接，依次连接出 7 条直线，即可绘制出曝光曲线，如图 3 - 14 所示。

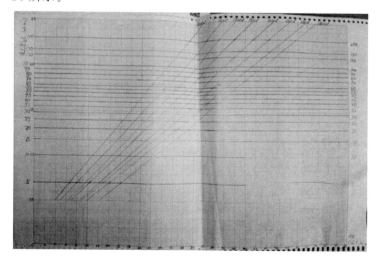

图 3 - 14　曝光曲线图

3.5　组合厚度差

当不同金属材料的焊缝（或检测区）按组合规律（方位、垂直、位置、遮挡）、参数计算（包括不同材质的厚度换算）等，使用曝光曲线查找参数，就可以进行组合透照作业。从曝光曲线图上查出不同透照电压可以组合的厚度范围。

从曝光曲线图上看出，圆锥场选用的透照参数只是图上的一点，而球锥场组合透照选用的透照参数可以是不同的组。这就出现了选组的范围受检测设备能力、相关标准技术要求（技术线）、检测效率的限制等。当这三方面的限制确定后，就实际给出了透照参数的选组范围（图3-15），其中也给出了可以组合的厚度差。

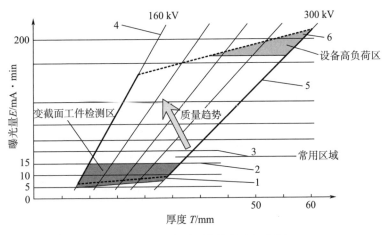

图3-15　组合透照参数的选组范围

1—允许的高度透照管电压线；2—A级最小曝光量线；

3—B级最小曝光量线（标准：承压设备无损检测 NB/T 47013.2—2015 中 5.9 规定）

4—设备最低管电压线；5—设备最高管电压线；6—检测效率线

选组范围的确定因素见表3-12，"四周"线围成一个近似的棱形区域。

表 3 - 12　选组范围的确定因素

序号	线类	确定因素	变化区域
1	标准技术线	标准技术级别要求的最少曝光量	现行标准规定了 2 种线： A(AB)级：15 mA·min B 级：20 mA·min
2	最低穿透力线	设备的最低管电压	定期校验时,斜率会发生变化,但会确定在棱形区的最左
3	最高穿透力线	设备的最高管电压	定期校验时,斜率会发生变化,但会确定在棱形区的最右
4	检测效率线	组合检测中最厚工件厚度的基准曝光量	最少曝光量至无限大： A 级：15 mA·min～∞ B 级：20 mA·min～∞

使用时为了确保采用同一透照电压和曝光时间,需将每种不同厚度工件的基准焦距 F_0、基准曝光量 E_n 和标准曝光量 E 按照 $F_0\sqrt{\dfrac{E}{E_n}}$ 换算成相应的焦距,此时各工件的焦距称为换算焦距 F_n,最厚工件的换算焦距以 F_p 表示。按照最厚阳极侧、最薄阴极侧的厚度顺序进行透照布置。厚工件采用较小焦距、薄工件采用较大焦距。如无禁区限制、相邻遮挡,可直接采用换算焦距进行布置透照。

当布照时有禁区限制和相邻工件的遮挡等因素时,都需要拉大焦距来避免。

首先,调整最厚工件的换算焦距 F_p,使禁区限制或相邻工件的遮挡刚好避免时,确立最短透照时间 t_p,曝光量 $E_p(i \cdot t_p = E_p)$。

其次,调整组合工件的焦距 F_n,按如下公式计算

$$F_n = F_0 \sqrt{E \cdot E_p}/E_n \qquad (3-2)$$

对于管电流固定的射线机(如 $i=5$ mA),调整组合工件的焦距 F_n,按如下公式计算

$$F_n = F_0 \sqrt{t \cdot t_p}/t_n \qquad (3-3)$$

检测时,确定了检测效率线,在选组范围内的每条透照电压线也给出了组合厚度差。检测效率线理论上可采用无限大曝光量,实

际检测时间一般选择 40 min 以内，也就是检测效率线使用的最大值
为 200 mA·min。

以组合检测的时间为 35 min，检测效率线为 175 mA·min。在
某 300 kV 设备的曝光曲线上，每条透照电压线的组合厚度差见表
3-13。

表 3-13　组合厚度差

类　别	技术线：15 mA·min；效率线：175 mA·min						
透照电压/kV	160	180	200	220	240	260	280
技术线厚度/mm	15	17.2	19.6	20.8	21.6	24.8	27
效率线厚度/mm	31	35.2	39.2	40.8	42.2	47.6	50
厚度差/mm	16	18	19.6	20	20.6	22.8	23

在曝光曲线上，技术线与各条电压线交点对应着相应的厚度，
此交点处的电压为组合透照电压，组合的最小厚度为技术线厚度。
在每条电压线上，处于技术线厚度至效率线厚度范围内的工件就可
以考虑组合透照，也就是从最小厚度开始，对处于厚度差差值范围
的厚度工件进行组合透照。

此交点处的电压为相应厚度的最高电压（保证最少的曝光量），
与图 3-16 中不同透照厚度允许的 X 射线最高透照管电压，有相应
的电压差。其目的是通过技术限制，减小胶片的固有不清晰度 U_i，
进一步提高影像的清晰度。固有不清晰度是由照射到胶片上的射线
在乳剂层中激发出的电子散射所产生的，与射线能量即透照电压有
关，如式（3-4）所示，与几何不清晰度由空间几何位置引起不同。
这两种不清晰度形成了射线照相总的不清晰度 $U(U^2 = U_g^2 + U_i^2)$。

$$U_i = 0.001\,33V^{0.790\,26} \qquad (3-4)$$

透照电压引起的固有不清晰度变化见表 3-14。

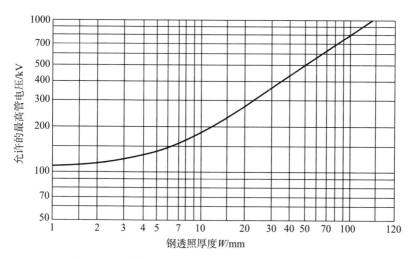

图 3－16　不同透照厚度允许的 X 射线最高透照管电压

表 3－14　固有不清晰度

序号	技术线厚度/mm	透照电压及 U_i		允许的最高管电压及 U_i		电压差值/kV	固有不清晰度差值/mm
		电压/kV	U_i/mm	电压/kV	U_i/mm		
1	15	160	0.073 4	230	0.097 8	70	0.024 4
2	20	200	0.087 6	270	0.111 0	70	0.023 4
3	27	280	0.114 2	340	0.133 2	60	0.019 0

由图 3－15 可知，最小曝光量线间接地使透照电压低于允许最高管电压一定幅度，A 级检测的固有不清晰度值减小了约 0.02 mm，使底片影像更加清晰。以同样的方法，可以计算出 B 级检测的固有不清晰度值减小了约 0.03 mm，提高了底片影像清晰度。

3.6　X 射线机穿透力测试

在实际检测中，X 射线机品牌和型号不同，但最高能量相同，其曝光曲线也是不同的。同一台射线机，随着使用过程，其性能也在发生变化。因此，需对检测使用的 X 射线机做穿透力测试，根据测试结果来调整不同设备的检测参数，得到较为一致的射线底片黑度。测试时，应明确检测系统、检测条件和规定黑度，测得各设备表征的管电压为其 X 射线机穿透力，也称为基准穿透力。

在 X 射线检测时，选择射线源的首要因素是考虑射线源所发出的射线是否对被检测工件具有足够的穿透力。对 X 射线机来说，射线机穿透力取决于射线能量即管电压。管电压越高射线的线质越硬，在工件中的衰减系数越小，穿透厚度就越大。比如，用 300 kV 工业 X 射线检测设备采用高灵敏度法可穿透钢的最大厚度为 40 mm，采用低灵敏度法可穿透钢的最大厚度为 60 mm。高灵敏度法是采用微粒胶片＋金属箔增感屏，相当于 GJB 1187A—2001 标准 B 级，低灵敏度法是采用粗粒胶片＋金属箔增感屏，相当于 GJB 1187A—2001 标准 A 级。

从射线线质本身来讲，穿透能力是不变的定值。在实际应用中的变化主要来源于三方面：设备系统的变化、工件和检测工艺的变化、胶片系统和人为因素的变化。

X 射线机随着使用时间的延续，X 射线管中阳极过热会排出气体，降低管子的真空度，阳极靶靶面受到长时间高温、电子撞击，阴极灯丝长时间高温、高压等因素影响，容易造成设备老化，导致 X 射线机的辐射强度降低，这将直接影响检测结果和工作效率。

受检工件的材质、密度和厚度对射线衰减能力越强，射线的穿透能力就越弱；反之，射线的穿透能力越强。在实际检测过程中，要求穿透能力保证在适当范围，射线检测方法标准规定了在一定焦距和标准曝光量的情况下，穿透能力为较低管电压，且限制了高电压、短时间的透照。

胶片系统涉及胶片、增感屏、暗室处理的药品配方和程序，胶片的感光度、增感屏的增感系数、胶片对暗室处理药品配方的响应及暗室处理程序都将影响到射线底片的质量，从而间接地影响透照电压的选择。在实际检测操作过程中，不同的检测人员往往有不同的检测习惯，在标准技术条件允许的前提下，所选择的透照参数是不尽相同的，体现在射线穿透能力上也是不尽相同的。

在实际应用中，影响设备穿透能力的因素众多，因此在进行测试时，应将多数影响因素定量，利用一个或几个变量得到的结果才具有实际意义。在本测试中，选取穿透能力表征值、透照电压为变量，其余因素如曝光量、焦距、胶片、暗室处理、底片黑度等都为定量。从而得出不同射线机不同穿透厚度所对应的不同透照电压，即得出一定条件下不同射线机的穿透能力。

（1）测试条件

依据相关标准和检测工件以及现有条件，各设备测试条件规定为：厚度 $T_{Fe}=8$ mm、10 mm、12 mm，焦距 $F=1\,000$ mm，药液老化浓度 $C=0.8$，暗室处理温度 $T_0=22$ ℃，显影时间：3.5 min，胶片：AA400，增感屏：Pb0.03/0.1 mm。

各设备按以上条件曝光后，在暗室同步进行处理。

药液老化浓度是指在新配制的显影液中，按每升溶液显影一张经可见光曝光、尺寸为 350 mm×350 mm 的过期胶片后所得显影液浓度。实际操作时，为每桶 40 L 显影液处理 160～180 张 350 mm× 80 mm 的胶片后所得到的显影液浓度。

（2）测试过程

利用阶梯试块，对各射线机分别进行测试（图 3-17），采用相同的透照参数、暗室处理条件，由于各射线机性能存在差异，在射线底片上相同厚度区域会得到不同的黑度，从而表征了各射线机的穿透能力；在不同厚度得到某一规定的底片黑度时，各射线机所采用的透照电压系，即为各射线机穿透能力对不同厚度的响应。

（3）测试结果

各设备穿透能力测试结果见表 3-15。

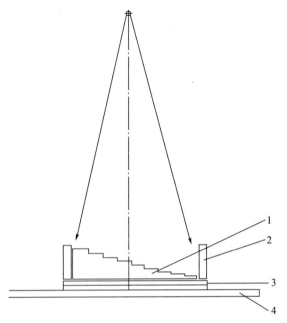

图 3-17　X射线机穿透能力测试透照布置

1—试块；2—侧铅板；3—胶片；4—背铅板

表 3-15　X射线机穿透能力测试表

参考基准：$F=1\ 000$ mm、$C=0.8$、$T_0=22$ ℃；胶片：AA400；显影时间：3.5 min

X射线机	透照电压/ kV	透照时间/ min	管电流/ mA	焦距/ mm	黑度 D		
					$T=8$ mm	$T=10$ mm	$T=12$ mm
1 号机	200	3	5	1 000	2.9	2.3	1.9
2 号机	160	3	5	1 000	4.5	3.5	2.7
3 号机	210	3	5	1 000	3.8	3.2	2.6
4 号机	115	2.5	20	600	4.7	3.3	2.3

（4）分析及修正

由测试结果分析可知，对于同一厚度（如 8 mm），不同设备测试得到的底片黑度是不一致的。根据所得底片黑度值，若大于设定黑度值（如设定为 2.5），则应降低管电压，相反，增加管电压。对各设备的电压值进行不同幅度调整，调整幅度视黑度变化幅度而定。透照电压值修正后，按此透照电压再次测试，将结果记入表 3 - 16。在实际检测中根据需要，将透照电压做细微调整，得到较为一致的黑度值。严格一致的黑度要求，对实际检测意义不大。

表 3 - 16　X 射线机穿透能力修正表

参考基准：$F = 1\,000$ mm，$C = 0.8$，$T_0 = 22$ ℃；胶片：AA400；显影时间：3.5 min

X 射线机	透照电压/ kV	透照时间/ min	管电流/ mA	焦距/ mm	$T = 8$ mm，D（基准）$= 2.5$ 实测三点黑度均值
1 号机	190	3	5	1 000	2.45
2 号机	140	3	5	1 000	2.51
3 号机	190	3	5	1 000	2.49
4 号机	110	1.5	20	600	2.56

设备型号：1 号机：XX1 便携式 X 射线机

2 号机：XX2 便携式 X 射线机

3 号机：XX3 便携式 X 射线机

4 号机：可移动式 X 射线机

通过以上方法得出各 X 射线机不同厚度（常用）采用的透照电压系，见表 3 - 17。

表 3 - 17　X 射线机不同厚度透照电压系表

（单位：kV）

X 射线机	$T = 8$ mm	$T = 12$ mm	$T = 16$ mm	$T = 20$ mm	$T = 24$ mm
1 号机	190	220	240	265	280
2 号机	140	165	190	215	235
3 号机	190	220	240	265	280
4 号机	110	120	—	—	—
备注	透照材料为钢				

通过 X 射线机穿透能力测试，得到各 X 射线机不同厚度参考透照电压系，对设备穿透性能及透照使用具有很好的实际意义。

3.7 不同类型胶片透照参数确定方法与控制

组合检测不同技术等级的工件时，由于胶片系统（或胶片型号）发生了变化，而组合透照又在同一电压下进行，需对透照参数进行精准确定和控制。

（1）不同胶片的曝光曲线

在同一坐标不同胶片的曝光曲线如图 3-18 所示。

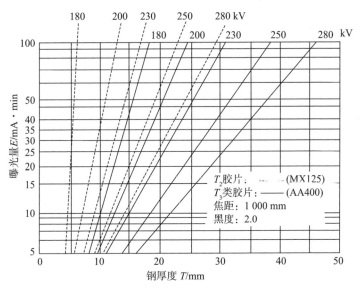

图 3-18 不同胶片的曝光曲线

从图 3-18 中可以看出：

1）图上的任一确定点（任一点黑度相同），其高等级胶片的曝光电压高于低等级胶片的曝光电压；

2）在同一厚度、相同透照电压条件下，高等级胶片的曝光量远大于低等级胶片的曝光量（图 3-19）；

3）在相同曝光量、相同透照电压条件下，高等级胶片的厚度小于低等级胶片的厚度（图 3 - 20）。

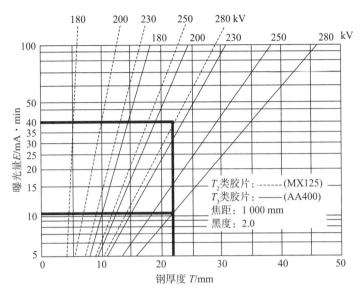

图 3 - 19　不同胶片同厚度、同电压的曝光量

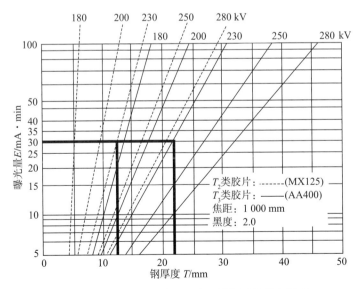

图 3 - 20　不同胶片同曝光量、同电压的曝光厚度

（2）不同胶片的选组范围

不同胶片的选组范围如图 3 - 21 所示。

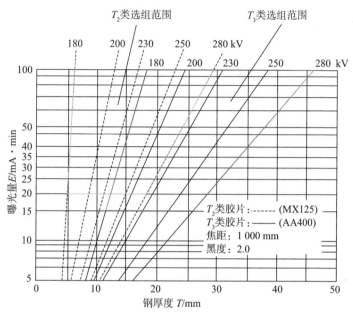

图 3 - 21　不同胶片的选组范围

选组范围的变化是由标准技术线的规定、胶片特性（感光速度不同）引起的曝光曲线范围发生了"左上移"。

3.8　组合检测的一次总透照长度

组合检测的一次透照长度为各工件锥形透照场一次透照长度的总和，即

$$L = \sum_{i=1}^{n} L_i \qquad (3-5)$$

当组合透照有 m 个 A 级布置，$(n-m)$ 个 B 级布置时，一次透照长度的总和为

$$L = \frac{1}{2} \sum_{i=1}^{m} F_i + \frac{1}{3} \sum_{i=m+1}^{n} F_i \qquad (3-6)$$

由上式可知，如同一焦距（$F = 1\,000$ mm）有 3 个 A 级布置，2 个 B 级布置时，则一次透照长度为

$$L = \left[\frac{1}{2}(1\,000 \times 3) + \frac{1}{3}(1\,000 \times 2) \right] \text{mm} = 2\,166 \text{ mm}$$

在圆锥形透照场中，同一焦距（$F = 1\,000$ mm）有 1 个 A 级布置，则一次透照长度为

$$L = \frac{1}{2} \times 1\,000 \text{ mm} = 500 \text{ mm}$$

可以看出，与单独 1 个 A 级布置相比，有效组合布置一次透照长度扩展了 4.3 倍。

（1）组合检测应用及效率

组合检测的应用见表 3-18，单片流水作业通常采用圆锥形透照场，组合布照作业视组合情况，采用圆锥形透照场可利用区及球锥形透照场。由结果可以得出，通过组合布照，检测效率较单片布照大幅提升。

（2）组合优化

1）工件在 X 射线场中的组合数量受工件形状、规格、检测长度、工装等众多因素的影响，可优化组合数量越多，检测效率提升越明显；

2）需将远离射线源的工件检测区避开相邻射线源的工件半影区的遮挡，非检测区组合时可以遮挡，也可以进一步优化组合数量；

3）当焦距发生变化时，及时根据基准曝光量调整曝光时间；

4）组合优化时，尽量选择相同种类工件进行组合，如管类、板类等。

表 3 - 18　检测效率的对比

序号	工件类别	典型工件	数量	单片布照					组合布照					检测效率
				焦距/mm	布片数量	休息+准备时间/min	曝光时间/min	作业时间/min	焦距/mm	布片数量	休息+准备时间/min	曝光时间/min	作业时间/min	
1	板类	试板	32	1 000	1	4×32	3×32	224	1 600	32	8	7	15	14.9
2	管类	管1	80	1 000	1	4×80	3×80	560	2 400	80	10	15	25	22.4
3		管2	90	1 000	1	4×90	3×90	630	2 400	90	10	15	25	25.2
4	框类	框1	8	1 000	1	4×(8×2)	3×(8×2)	112	1 400	8×2	5	5	10	11.2
5		框2	10	1 000	1	4×(10×6)	3×(10×6)	420	3 200	10×6	10	30	40	10.5
6		梁1	5	1 000	1	4×(5×5)	3×(5×5)	175	2 000	5×5	6	10	16	10.9
7	双壁类	臂1	2	1 000	1	4×(2×3)	3×(2×3)	42	1 400	2×3	5	5	10	4.2
8	圆筒类	架1	4	1 000	1	4×4	3×4	28	1 200	4	3	4	7	4.0

在实际检测应用时，逐张胶片流水透照，X 射线机有不少于 1：1 的强制散热休息时间，透照用时（透照效率）成为检测效率低，检测周期长的直接原因。检测效率受准备时间和透照时间的限制，分多次进行的单片布照和一次进行的组合布照的工作总量（准备总时间）相等，组合布照的准备工作（时间）还可以利用检测台车在曝光室外进行，所以准备时间可以分类比较，透照用时（透照效率）才是两种布照检测效率的对比。

第4章 射线照相组合检测工装

4.1 射线照相组合检测工装设计

射线照相组合检测工装的功能主要是利用焦距调节来满足不同厚度材料工件的组合，采用垂直透照检测的方法，就需要升降机构来满足。目前，市场上成熟的自动升降机构有很多，如液压、丝杠、链条式、齿轮齿条式、气缸、电动推杆、电液推杆等，这些方法均可以通过升降功能实现焦距的调节。

4.2 不同结构方案设计

综合考虑组合检测透照区分区、焦距调节、角度调整和成本、效率、功能等因素，选取三种升降装置结构方案，重点围绕方案的可行性、合理性、安全性、适用性等方面展开讨论。三种装置结构方案为：插销结构、液压升降机构、电动推杆剪式机械放大机构。在实际组合检测过程中，可根据设计制造成本、使用功能、可操作性、系统可靠性、后期养护维修成本等多方面因素，选取适宜的工装设备。

4.2.1 插销结构

插销结构是在竖直的柱体上预留多个插孔，根据焦距调节需求，在对应高度用插销固定。

插销结构的优点：成本低、制作简单、调节方便、便于拆卸、不占空间、不需要外接能源等；

插销结构的缺点：不能实现无级升降、人工劳动强度大、不能自动调节、安全性差等。

4.2.2　液压升降机构

液压升降机构（多级油缸）采用液压泵站为多级油缸提供动力，通过电气控制按钮实现升降，达到所需焦距。

液压升降机构的优点：成本较低、设计难度低、结构紧凑、运行平稳、噪声小、频响快、传递功率大、起始高度低、易于操作等；

液压升降机构的缺点：油源、油管占用空间大，现场结构复杂，对工作环境要求高，易发生漏油造成油污污染，发生故障不易检查，后期维修成本高，不方便移动等。

4.2.3　电动推杆剪式机械放大机构

电动推杆剪式机械放大机构采用电动马达来驱动电动推杆升降，结合剪式机械放大机构来达到所需行程。

电动推杆剪式机械放大机构的优点：体积小、噪声低、具有过载自动保护装置、操作方便、对工作环境要求不高、方便移动等；

电动推杆剪式机械放大机构的缺点：成本高、设计难度较大、起升高度高、需外接电源等。

4.3　各单元功能需求

4.3.1　透照场平面及分区

（1）透照场平面确定

根据实际射线检测设备及辐照空间，确定组合检测最远焦距。依据透照球锥场理论，计算出其最大透照面积是一个圆锥角为 40°、半径为所选焦距的球锥面，其投影平面可根据计算获得。

（2）透照场平面分区

根据常检工件的规格尺寸，将整个透照场进行分区，合理设计分区单元尺寸和形状，并充分考虑透照场的利用率，从而使尽可能多的工件进行组合检测。

4.3.2　射线照相组合检测支撑单元功能需求

根据实际检测需求和检测的便利性，整理出射线照相组合检测球面布照支撑单元功能明细，见表 4 - 1。

表 4 - 1　射线照相组合检测球面布照支撑单元功能明细

控制装备功能明细	是否必须具备	射线透照场中的作用
独立升降功能	是	焦距调节
组合功能	是	组合布照
升降位移可视化	是	焦距调节可视化
支撑板角度调节	是	角度调节
角度调节可视化	是	确保与射线束垂直
工件夹紧功能	是	检测时固定工件
铅板固定	是	检测时防护散射线
PLC 控制	是	自动化控制
移动功能	是	方便搬运

4.4　斜向组合检测

斜向组合透照是指将射线源斜置，不同于垂直组合透照方案，但原理相同，相当于从原先的垂直组合透照场中斜切一个平面，然后进行工件组合透照（图 4 - 1）。

在垂直组合透照方案中，主要考虑批量工件的角度固定及安全性，选择垂直方向组合透照。在控制装备设计时，考虑射线安全因素、工房空间等，确定最大组合焦距。当采用斜向组合透照时，可将地面作为图 4 - 1 中的斜切面，用来摆放工件，这样最大组合焦距将进一步扩大，也就是组合厚度差将扩大，布照示意图如图 4 - 2 所示。

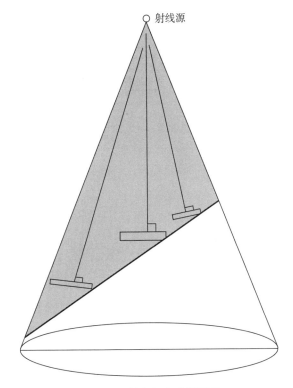

图 4 - 1　斜向组合透照原理

　　采用斜向组合透照方案时，透照场与地面的切面为不规则椭圆，这就造成在工件摆放和角度计算时，难度要比垂直组合透照时大很多。

　　基于此，为了实现在不可见的透照场中设定焦距位置、摆放工件并保证工件与射线束相垂直，所采用的技术方案是：根据工件厚度计算检测工件采用焦距——利用可见光模拟射线，然后在透照场中布置工件——调整工件角度与可见光束垂直。

　　通过可见光模拟射线，可以有效地提高射线透照场的利用率和工件摆放效率，适时调整透照工件的距离和姿态，有效提高射线检测质量和检测效率。斜向组合透照方案如图 4 - 3 所示。

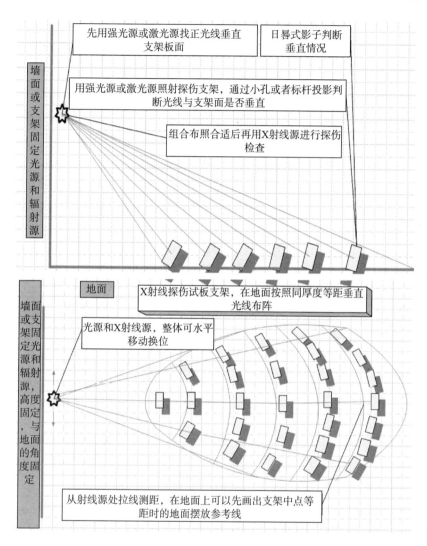

图4-2　斜向组合透照示意图

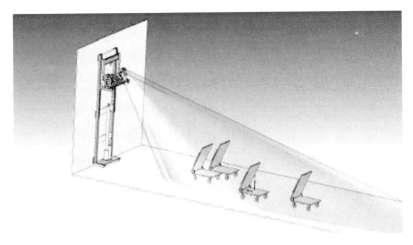

图 4 - 3　斜向组合透照方案

4.5　对比试块

对比试块在检测试验中起关键性指导作用，采用同材质同厚度对比试块作为产品的模拟件进行检测，来获取透照场中各点的检测参数。根据产品工件材质、厚度、缺陷灵敏度，可选用阶梯孔型试块、阶梯型试块、平板孔型试块、平板型试块（图 4 - 4）。用于检测试验的试块需经原材料检测，排除原材料缺陷对检测试验数据的影响。

对比试块可以配合使用，厚度从 0.5 mm 到 50 mm，梯度为 0.5 mm。结合预置人工缺陷，模拟产品透照检测。

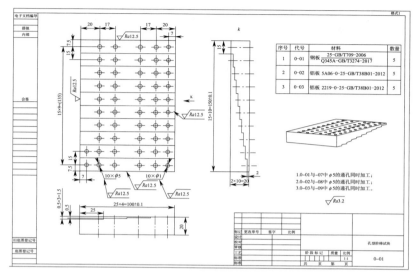

(a) 阶梯孔型对比试块

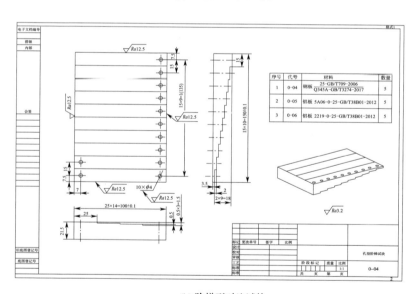

(b) 阶梯型对比试块

图 4-4 对比试块图纸

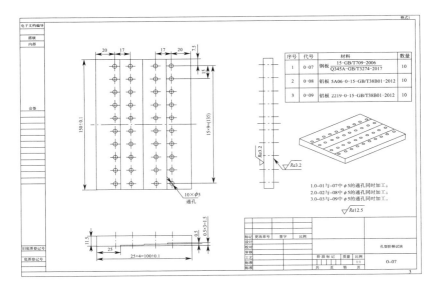

(c) 平板孔型对比试块

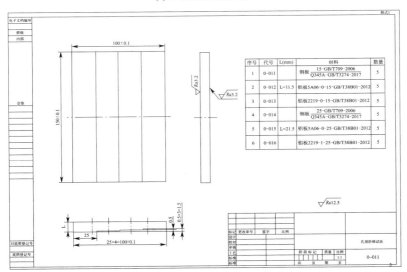

(d) 平板型对比试块

图 4-4　对比试块图纸（续）

第 5 章　射线照相组合检测智能化基础

5.1　不同厚度工件组合透照检测的"全貌图"

在组合检测过程中，当发现底片黑度有变化时，可以使用胶片特性曲线和曝光曲线制作形成黑度标尺，并对曝光量值进行修正。对射线照相条件（设备、厚度、曝光量、电压、焦距、黑度）和技术要求进行分析，其中包含设备、工件、参数及影像质量要求，每一个曝光曲线图犹如元素卡片，而元素卡片规律组合，形成了元素周期表，因此多个曝光曲线以射线照相条件为基础绘制在同一张图中，结合每种曝光曲线的黑度尺，就形成了一张射线照相曝光曲线组图，称为不同厚度工件组合透照检测"全貌图"。通过全貌图可以实现组合布照的精准控制及检测参数的优化。

（1）黑度标尺

由于一次透照区具有一定的范围，因此，一般情况下在一次透照区总是有不同的透照厚度，这就导致一次透照区的不同部位底片黑度不同。利用曝光曲线和胶片特性曲线（胶片特性曲线是表示相对曝光量与底片黑度之间关系的曲线。在特性曲线图中，横坐标表示 X 射线曝光量的对数值，纵坐标表示胶片显影后所得到的相应黑度。胶片特性曲线可以从所使用胶片说明书获得，也可通过试验来测定），可以估计一次透照区不同部分的底片黑度，判断是否满足相关标准要求。如果低于规定要求，就需要调整确定的曝光量，以保证一次透照区内的底片黑度符合规定要求。

这个问题可以典型化为，一次透照区中厚度为 $T_1 \sim T_2$，当按曝光曲线中 T_1 厚度的曝光参数透照时，如何调整曝光量，才能保证

厚度 $T_1 \sim T_2$ 对应的底片黑度 $D_1 \sim D_2$ 符合规定要求。图 5-1 和图 5-2 给出了曝光量调整的说明和曝光量调整的理解。

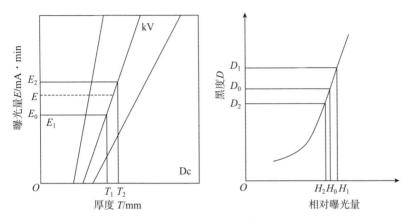

图 5-1 曝光量调整

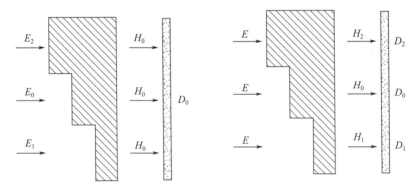

图 5-2 曝光量与厚度的关系

具体过程可归纳为下列五步：

1）按技术级别确定（在曝光曲线焦距下）应采用的曝光量 E_0。

2）根据采用的曝光量 E_0 和厚度 T_1 确定透照电压。

3）对于透照电压，确定出使得厚度 T_1 和厚度 T_2 的黑度为 D_0（曝光曲线设定的黑度）的曝光量。分别记为

对厚度 T_1：曝光量为 E_1（显然 $E_1 = E_0$）；

对厚度 T_2：曝光量为 E_2。

4）从胶片特性曲线查出得到不同黑度 D_0、D_1、D_2 所需要的相对曝光量。分别记为

D_0，相对曝光量为：H_0；

D_1（较大黑度），相对曝光量为：H_1；

D_2（较小黑度），相对曝光量为：H_2。

5）计算使厚度 T_1 和厚度 T_2 的黑度符合限定，黑度 D_1 和 D_2 应采用的曝光量 E：

为使 T_1 厚度的黑度不大于 D_1，所需要的曝光量 E 应满足下面关系

$$E/E_1 \leqslant H_1/H_0 \qquad (5-1)$$

为使 T_2 厚度的黑度不小于 D_2，所需要的曝光量 E 应满足下面关系

$$E/E_2 \geqslant H_2/H_0 \qquad (5-2)$$

因此，所需要的曝光量 E 应满足的关系为

$$E_2(H_2/H_0) \leqslant E \leqslant E_1(H_1/H_0) \qquad (5-3)$$

这就是调整后应采用的曝光量。

可以看出，为了得到满足要求的曝光量，需要经过复杂的计算，且计算的结果是一个可取范围。

解决这个问题的简单方法是将胶片特性曲线与曝光曲线相结合，制作出底片黑度标尺。制作完成后，只需要在曝光曲线上移动底片黑度标尺，即可确定应采用的曝光量数据。

（2）底片黑度标尺制作

按照曝光曲线照相条件，在曝光曲线图上确定的透照参数检测，得到的是照相条件中的黑度值（如 $D=2.0$）。实际检测时，黑度值是变化范围内（如 A 级 $D=1.7\sim4.0$）的目标黑度值（如 $D=3.7$）。利用黑度标尺对曝光量修正，达到任一设定目标黑度。制作黑度标尺过程如下：

1）从胶片特性曲线查出黑度（D）与对应的相对曝光量（H）

数据。数据应覆盖射线照相检测标准规定的黑度范围。

2）以曝光曲线的黑度为基准，计算其他黑度的相对曝光量（H_2）与曝光曲线黑度的相对曝光量（H）之比。

3）在曝光曲线中，任选一曝光量作为基准曝光量，采用2）中的比值与基准曝光量相乘，计算其他黑度对应的曝光量。

4）在曝光曲线中以曝光量标记对应黑度，即制作出了底片黑度标尺。

由胶片 AA400 特性曲线（图 5-3）和 300EGM2 射线机曝光曲线（图 5-4），可得到表 5-1 中的数据。

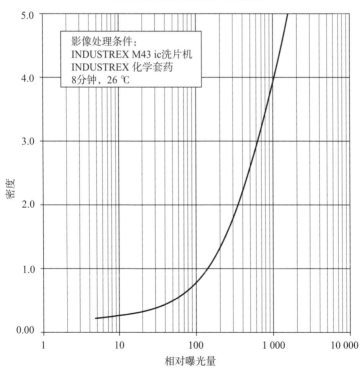

图 5-3　胶片特性曲线图

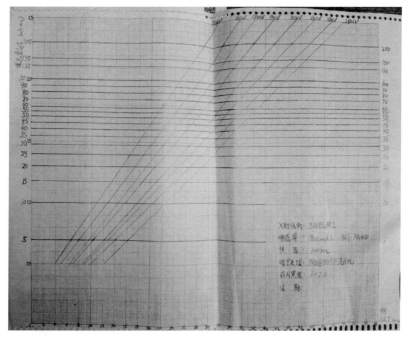

图 5-4　曝光曲线

表 5-1　底片黑度标尺制作数据

黑度 D	1.0	1.5	1.7	2.0	2.5	3.0	3.5	4.0
相对曝光量 H	110	190	220	270	340	430	530	630
相对曝光量比（H_2/H）	2.45	1.42	1.23	1	0.79	0.63	0.51	0.43
对应的曝光量值 E	50	30	25	20	16	13	10.2	8.6

在曝光曲线内任一条竖直线上，将数据表中的黑度 D 值标入对应的曝光量值，形成图 5-5 所示的刻度标尺，即为黑度标尺。

（3）黑度标尺的使用

使用时，将黑度标尺移入曝光曲线内，在黑度尺上找准基准黑度（使用条件中的黑度值，如 $D=2.0$），将基准黑度对准透照点（厚度、透照电压和曝光量的相交点），根据黑度标尺上的值，即可确定此时不同厚度的黑度值（图 5-6）。

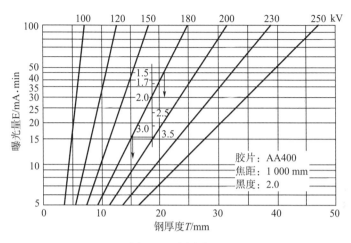

图 5 - 5 黑度标尺

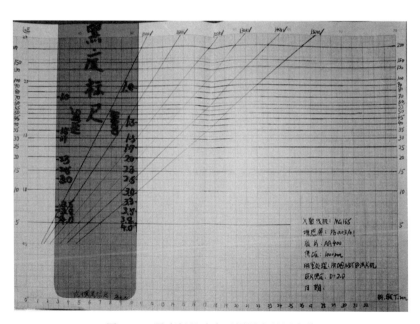

图 5 - 6 黑度标尺确定不同厚度的黑度值

透照点：$T=28$ mm；透照电压 200 kV；曝光量 42 mA·min。将标尺的基准黑度对准透照点，从黑度尺上立即可以确定出：

$T=22$ mm，$D=3.6$；

$T=31.5$ mm，$D=1.5$。

也就是说，直接按曝光曲线的透照参数 $T=22$ mm，透照电压 200 kV，曝光量 20 mA·min，得到黑度 $D=2.0$。为使 $D=3.6$，曝光量修正为 42 mA·min。同样，直接按曝光曲线的透照参数 $T=31.5$ mm，透照电压 200 kV，曝光量 64 mA·min，得到黑度 $D=2.0$。为使 $D=1.5$，曝光量修正为 42 mA·min。

5.2　"全貌图"

（1）带标尺曝光曲线

某台设备曝光曲线图如图 5-7 所示，图中带有黑度标尺和透照选组范围（包括照相条件，如胶片、焦距、黑度、暗室处理等），虚线为设备老化、性能发生变化时曝光曲线变化趋势示意。

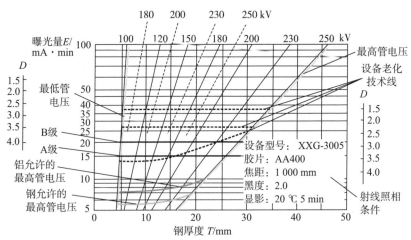

图 5-7　带有黑度标尺的曝光曲线

在带有黑度标尺的曝光曲线图上，只有检测措施与照相条件一致时，才可使用曝光曲线。日常检测时遇到的照相条件发生变化有：

检测设备及功率不一致、检测等级及胶片不一致、（基准）黑度不一致等。唯一一致的条件是曝光曲线使用的坐标（刻度）。为此，将任一条件变化之后且确定了照相条件的曝光曲线，统一在一个坐标系中，形成 X 射线检测的"全貌图"。

（2）X 射线检测的"全貌图"

设备功率有小、中、大三种型号，日常检测的照相条件也有 3 种情况，形成图 5-8 所示的"全貌图"。生产检测单位根据具有设备系列、照相技术及条件形成更为全面的"全貌图"，直观反映射线照相技术能力。也可以根据工业系统系列设备、可能的照相条件绘制一幅巨幅"全貌图"。从初步的应用来看，"全貌图"的作用犹如热处理行业的 Fe-C 相图，从图上可以解读出照相规律及质量控制变化趋势。

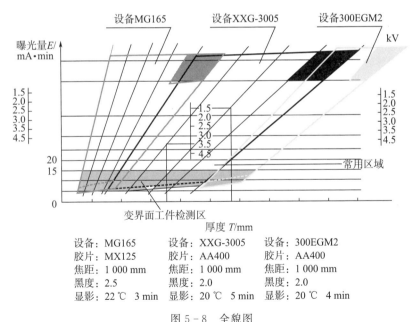

图 5-8　全貌图

在拓宽各坐标、参数、条件范围的全貌图上可以看出：

1）横坐标：工件厚度和范围取决于设备在最大功率时所组合的

最大工件厚度;

2）纵坐标：对数刻度的曝光量和范围取决于一组组合中，标准焦距所需要的最大曝光量;

3）电压线：制作时，从每台设备的最低电压开始，每隔 10 kV（或 20 kV）制作一条电压线，直至多台设备的最高电压。使用时采用等分插值取线间电压（精度：最大 4 等分）;

4）设备型号：依据使用设备的台数确定自由度，最好具备小、中、大 3 种功率的设备，每种功率可以有多个型号的设备;

5）胶片类型：现行标准将胶片划分为 5 类，实际检测常用 2 类，即 2 个自由度;

6）焦距：现行标准常采用 700 mm 和 1 000 mm 两个基准焦距。如可能，则进行这两个基准焦距下曲线的自由转换;

7）黑度：1 个自由度，也可根据实际需求，调整黑度值;

8）显影条件：1 个自由度。

目前，技术标准线有 3 条：

1）A 级曝光量线（即：15 mA·min 线）;

2）B 级曝光量线（即：20 mA·min 线）;

3）允许的最高透照电压线。

（3）"全貌图"软件

手工制作、使用全貌图时：存在在较大曝光量区段定参数误差大的情况;照相条件种类较多时，出现"图层"在同一纸面的情况;此外还有黑度尺定位误差、大量数据换算等问题。为此，工程师开发了"全貌图"软件以解决此类问题。

软件是在"全貌图"使用基础上，寻找使用规律，归纳为原理图来开展。

5.3　黑度标尺使用原理图

黑度标尺（计算机后台运行）使用原理如图 5-9 所示。

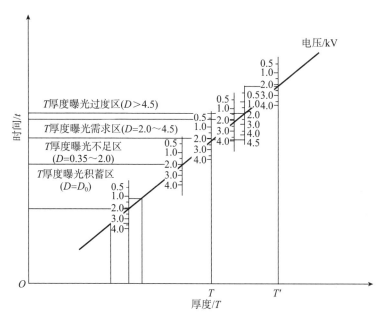

图 5-9　黑度标尺（计算机后台运行）使用原理图

使用说明：

1）定点使用。（曝光）时间、（透照）电压线、厚度三线交于一点，将黑度尺基准黑度对准此点，在黑度尺测量范围（0.35～4.5）内：黑度与厚度一一对应；反之，厚度与黑度一一对应。如图 5-9 左下部第 1 个标尺所示。

2）移动使用。对于某一设定厚度 T，给定透照电压，随着曝光时间从"0"开始，胶片开始积蓄感光量，黑度标尺随曝光时间在电压线上移动，移动到图示第 2 个标尺位置时，T 厚度经历的曝光时间为积蓄区，瞬时底片黑度依然为本底灰雾度；第 2 位置标尺随时间继续沿电压线移动，T 厚度底片黑度经历了曝光不足区（第 2 至第 3 标尺之间，黑度 0.35～2.0）、曝光需求区（第 3 至第 5 标尺之间，黑度 2.0～4.5），甚至曝光过渡区（第 5 标尺以后，黑度>4.5）。

3）设定黑度。当设定 T 厚度的底片黑度值（如 $D=3.8$），且黑度标尺移动到第 4 个位置时，T 厚度工件曝光结束，曝光时间为"红线"指示时间。

组合透照工件 T'：工件 T' 从时间"0"开始，依次经历工件 T 的过程，只是各区经历的时间段不同而已。

4）更换工件：当工件 T 位置在"红线"时间点更换布照另一工件 T，与工件 T' 继续透照时，T 工件曝光时间从"0"开始，T' 工件曝光时间从"红线"指示时间累计计时。当工件 T 与工件 T' 黑度最先达到设定黑度时，暂停曝光。更换另一工件，依次循环，直至完成全部透照作业。

5.4　黑度标尺变电压使用原理图

黑度标尺（计算机后台运行）变电压使用原理如图 5-10 所示。

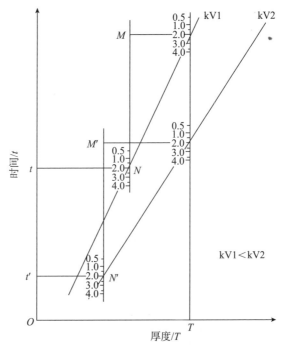

图 5-10　黑度标尺（计算机后台运行）变电压使用原理图

（1）变电压使用条件

1）所有变换电压不能高于 T 厚度允许的最高管电压；

2）各电压下的标准曝光量不小于推荐值；

3）变电压透照在曝光不足区以内或未达到设定黑度值时使用。

（2）变电压使用说明

1）当厚度为 T 的工件在 kV1 电压下透照时间为 t，时间点 t 与电压线 kV1 相交，记录为 N 点；电压线 kV1 与厚度点 T 相交，记录为 M_0；其水平线与 N 点处黑度尺延长线相交，记录为 M 点；记录刻度 MN。

2）变换透照电压为 kV2，要求透照结果相同，则如图 5-10 所示，使得刻度 $MN = M'N'$，M' 水平线与电压线 kV2 和厚度点 T 的交点重合于 M_0'，黑度尺基准黑度点与电压线 kV2 相交于 N' 点，N' 点对应时间记录为 t'。

3）t' 为厚度为 T 的工件在 t 时间变换电压 kV2 下的折算时间，亦为 kV2 电压透照时，已经累积的时间。

当透照电压由 kV2 变为 kV1 时，同样可将 t' 折算为 t。

（3）软件验证

软件说明：程序打开后，界面如图 5-11 所示。左侧是参数设

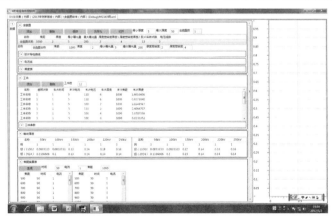

图 5-11　全貌图软件

定区，右侧是曲线显示区。软件输入部分有 5 个模块，其中后 3 个模块是独立模块。各模块如下：

1）全貌图：输入全貌图有关参数，包括胶片特性曲线和曝光曲线，可生成黑度表；

2）工件：输入工件有关参数，每个工件可包括多道工序；

3）等效厚度：计算钢和两种铝的等效厚度；

4）焦距换算表：换算焦距；

5）线衰减系数：计算线衰减系数。

全貌图制作：根据实验检测条件，选定检测参数，制作出曝光曲线全貌图，如图 5 - 12 所示。

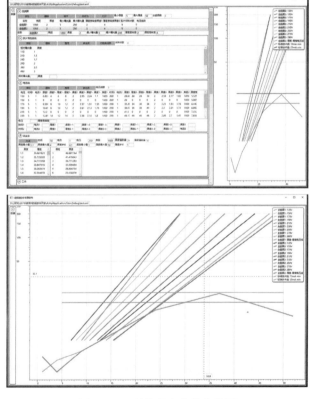

图 5 - 12　制作曝光曲线全貌图

5.5　检测参数验证

（1）一次曝光验证

运用阶梯试块组合出不同的透照厚度，采用不同的检测参数进行透照检测，得到合格的检测底片，将测量底片的黑度与软件计算黑度进行对比，见表 5 - 2。由于检测过程中，受检测参数精度的影响，软件计算和实测黑度存在差值，研究人员认为，误差控制在±0.5 之内视为正常，即可满足实际检测需求。

表 5 - 2　一次曝光检测参数验证

检测参数				软件计算	实际测量	差值
透照电压/kV	曝光量/mA·min	透照厚度/mm	焦距/mm	黑度 D		
100	(2)5	Al - 26	700	1.947	2.00	−0.053
	50	Al - 74	1 000	2.119	2.00	+0.119
	200	Fe - 11	1 000	1.919	2.00	−0.081
110	5	Fe - 2	1 000	3.173	3.10	+0.073
	100	Fe - 12	700	3.369	3.12	+0.249
	200	Fe - 16	1 000	1.178	1.32	−0.142
190	5	Fe - 8	1 000	2.621	2.61	+0.011
	100	Fe - 36	700	2.436	2.30	+0.136
	200	Fe - 40	1 000	1.568	1.73	−0.162
220	5	Fe - 10	1 000	2.494	2.45	+0.044
	100	Fe - 42	700	2.156	1.92	+0.236
	200	Fe - 44	1 000	1.712	1.58	+0.132
270	5	Fe - 14	1 000	2.257	2.24	+0.017
	100	Fe—44	700	2.694	2.33	+0.364
	200	Fe - 48	1 000	2.123	1.86	+0.263

（2）变电压多次曝光验证

以检测厚度 $T = 18$ mm 为例，在曝光曲线"全貌图"（图 5 -

13）中查阅的参数为：

$T=18$ mm，电压为 170 kV，黑度 $D=1.3$，焦距 $F=1\,000$ mm，得曝光量 $E=10$ mA·min；

$T=18$ mm，电压为 210 kV，黑度 $D=1.3$，焦距 $F=1\,000$ mm，得曝光量 $E=6.2$ mA·min；

$T=18$ mm，电压为 210 kV，黑度 $D=3.0$，焦距 $F=1\,000$ mm，得曝光量 $E=17$ mA·min；

$T=18$ mm，电压为 210 kV，黑度 $D=3.5$，焦距 $F=1\,000$ mm，得曝光量 $E=22$ mA·min。

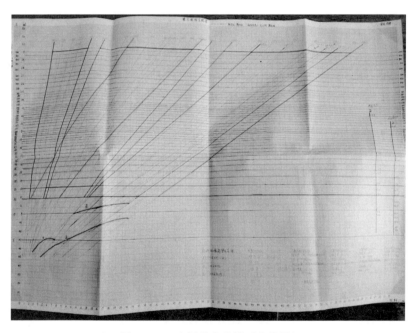

图 5-13　查阅曝光曲线"全貌图"

① 变电压过程

目标黑度：$T=18$ mm，黑度 $D=1.3$；

检测参数：电压为 170 kV，曝光量 $E=10$ mA·min；

等效参数：电压为 210 kV，曝光量 $E=6.2$ mA·min；

目标黑度：$T=18$ mm，黑度 $D=3.0$；

检测参数：电压为 210 kV，曝光量 $E=10.8$ mA・min，(17 mA・min－6.2 mA・min)；

目标黑度：$T=18$ mm，黑度 $D=3.5$；

检测参数：电压为 210 kV，曝光量 $E=5$ mA・min（22 mA・min－17 mA・min)。

②软件计算

在【工件参数】对话框中使用【添加】功能，对同一工件进行多次透照参数确定，如图 5-14 所示。

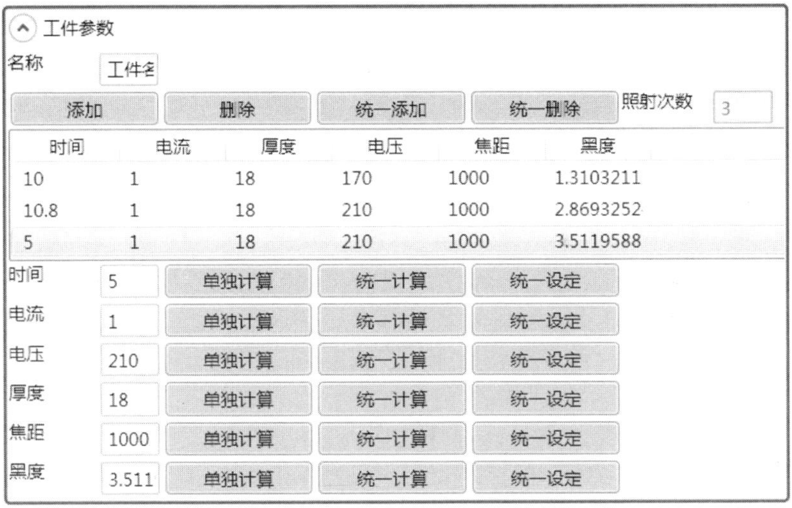

时间	电流	厚度	电压	焦距	黑度
10	1	18	170	1000	1.3103211
10.8	1	18	210	1000	2.8693252
5	1	18	210	1000	3.5119588

图 5-14　变电压参数计算

③检测参数验证

变电压多次透照检测参数验证见表 5-3。

表 5 - 3 变电压多次曝光参数验证

检测参数				图样查阅	软件计算	差值
透照电压/kV	曝光量/mA·min	透照厚度/mm	焦距/mm	黑度 D		
170	10	18	1000	1.3	1.31	+0.01
210	6.2	18	1000	3.0	2.87	−0.13
210	5	18	1000	3.5	3.51	+0.01

可见，采用变电压多次曝光技术时，软件计算检测参数和曝光曲线"全貌图"查阅参数差别不大，满足实际检测要求。

第6章　射线照相组合检测应用

6.1　组合透照检测的底片质量验证

不同厚度工件 X 射线组合透照检测的总体思路为：选取某电压下可以组合透照的各工件厚度，换算成等同曝光时间的焦距，不等焦距的球锥面相切布照，以此电压和等同曝光时间进行透照，采用洗片机同批暗室处理的技术方案，使不同厚度工件实现 X 射线组合透照，从而得到良好的底片黑度及像质计灵敏度。

（1）试验方案

不同厚度工件组合透照的关键是底片质量（黑度和灵敏度）控制。底片质量发生变化的透照原因主要有：布照焦距、透照参数、布照方位、垂直度、条件黑度和暗室处理等。其中，影响底片质量最大的是布照焦距、透照参数、布照方位。

1）由于焦距变化误差较大时，会引起黑度和灵敏度发生变化，尤其是黑度发生较大幅度变化。当焦距向近源方向（焦距缩短）变化时，增加了底片曝光量，底片黑度值增大，甚至超出标准规定的最大黑度，导致底片黑度不符合标准要求；相反，当焦距向远源方向（焦距拉长）变化时，减少了底片曝光量或曝光量小于标准的推荐值，底片黑度值减小，甚至低于标准规定的最小黑度，导致检测曝光量及黑度不符合标准要求。另外，焦距的变动会引起几何不清晰度在允许范围内的轻微变动以及灵敏度的变化，主要还是防止焦距小于允许的最小焦距的布照，导致影像质量不符合标准规定。故需将焦距变化误差控制在±5 mm 以内，避免引起黑度超出标准规定范围和灵敏度低于标准规定要求。

2）由于透照参数主要指透照电压和曝光时间（或曝光量），按照曝光曲线确定的透照参数，可以得到一定的底片质量。主要问题是选用大曝光量与低电压组合的透照参数，还是选用较小曝光量与较高电压组合的透照参数，这对灵敏度有较大影响。尤其变截面通常选用较高电压、较小曝光量的透照参数，使对比度、不清晰度及颗粒度变差，灵敏度降低。故透照参数的选取应按技术要求严格控制。

3）同一工件布置在阳极侧或阴极侧，底片质量有细微变化。阳极侧厚度宽容度增大，阴极侧厚度宽容度减小。故不同厚度组合布照时，坚持"阳厚阴薄"的布置原则。相反的方位布置会使底片质量降低。

基于以上技术分析，设计底片质量验证方案的检测流程，如图6-1所示。

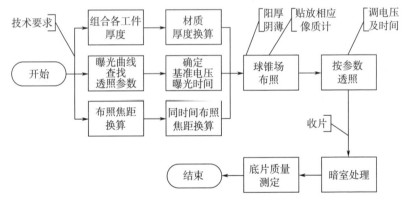

图 6-1　质量验证方案的检测流程

（2）方案实施

① 技术要求

技术要求的检测级别是组合检测的总线索。验证的总目标是底片质量符合标准要求。斜锥场组合布照是将不同厚度工件同时间完成曝光。在此过程中，每个工件又可单独视为圆锥场透照，每个工件检测必须符合检测标准要求。

②组合厚度

采用阶梯试块"面对面"贴合，会形成系列检测厚度（图 6 - 2），并将铝厚度折算成钢的等效厚度。试块共组合成 5 种不同厚度，用以验证球锥场 5 个方位的底片质量。

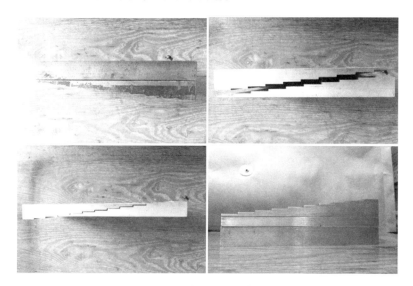

图 6 - 2　阶梯试块组合厚度

③透照参数

在曝光曲线上确定同时满足最小曝光量的 5 种厚度的同一透照电压，在此电压线上查找出各厚度的曝光时间（或曝光量）。选定透照电压为 130 kV，基准焦距为 1 000 mm，基准黑度为 2.0，如图 6 - 3 所示。

④焦距换算

确定透照参数后，各种厚度的焦距为透照条件中的基准焦距，需按照平方反比定律换算成同一时间的不同透照焦距。整体上，不同透照焦距的范围越接近射线源，底片质量越差；越远离射线源，底片质量越好。作为验证，不同透照焦距的范围选择在 400 ～ 1 800 mm。5 种厚度的换算焦距见表 6 - 1。

图 6-3　软件计算曝光量

表 6-1　5 种厚度底片质量验证的参数换算

序号	材质	实际厚度/mm	等效厚度/mm	曝光量/mA·min	换算焦距/mm
1	5A06	168	14	17	1720
2	Q345	16	16	24	1455
3	Q345	18	18	33	1231
4	Q345	22	22	64	882
5	Q345	30	30	244	452

⑤斜锥场布照

布照前，在斜照工装系统上安装射线机。交替起动电机升降高度，拧动螺钉以调整中心线束角度，形成斜锥场。将推车推入斜锥场相应方位，交替使用角度计调整铅板平面，使中心法线经过射线机焦点。使用激光测距仪测定各推车铅板距离，轻微挪动推车直至各测距距离数值等于换算焦距，如图 6 - 4 所示。

图 6 - 4　调节换算焦距

按图 6 - 5 所示的方位进行布照。布照时按照"阳厚阴薄"要求，即 $T(+) > T(0) > T(-)$。应按照垂直于阴阳极连线布照，参照连线上布照的工件，如 $T(L) \approx T(0) \approx T(S)$。

在自带防护铅板的推车台面上，放置暗袋（内装相应胶片），将工件检测部位紧贴胶片（若为焊缝件，尽量使焊缝中心线与胶片长度方向的中心线重合）。在工件源侧表面一端（被检长度的 1/4 左右位置），横跨（焊缝或参照焊缝）或细丝朝外布置相应材质及适宜组别的像质计。除使用激光测距仪扫查相邻工件的边缘外，还应检查相邻远源件检测区是否存在遮挡。若有遮挡则应重新调整，如图 6 - 6 所示。

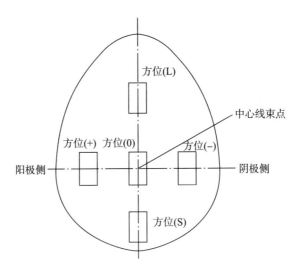

图 6-5　不同厚度工件布照方位

图 6-6　方位检测透照布置

⑥底片质量测定

胶片经过规定参数透照、暗室自动洗片机处理后，形成具有影像信息的底片。将底片按一定顺序整理后，检查观片灯、黑度计状态是否正常，观察识别底片中最细的丝号，测定底片黑度。

⑦其余环节

1）在布照胶片前完成训机，否则透照将无法进行；

2）收片及暗室处理应严格按照操作规程进行，防止出现划伤、污迹等伪缺陷，影响识别和测定。

（3）实施测定

选取 5 种典型方位透照工件的底片为测定对象，进行底片灵敏度识别和黑度测定。测定结果见表 6-2 和表 6-3。

表 6-2　底片灵敏度测定结果

序号	方位	实际厚度/mm	灵敏度		
			应识别丝号	识别丝号	丝号差
1	（+）	30	9#	11#	+2
2	（0）	22	10#	12#	+2
3	（-）	14	5#	7#	+2
4	（S）	18	10#	12#	+2
5	（L）	168	5#	6#	+1

表 6-3　底片黑度测定结果

序号	方位	实际厚度/mm	黑度 D		
			基准黑度	测定黑度	黑度误差
1	（+）	30	2.0(1.7~2.6)	2.45	0.45
2	（0）	22	2.0(1.7~2.6)	2.37	0.37
3	（-）	14	2.0(1.7~2.6)	2.13	0.13
4	（S）	18	2.0(1.7~2.6)	2.10	0.10
5	（L）	168	2.0(1.7~2.6)	2.04	0.04

（4）实施效果

①底片质量

底片质量分析结果表明，工件透照焦距越小（接近射线源，但必须大于允许的最小焦距），底片质量越差；透照焦距越大（远离射线源），底片质量越好。组合透照一般采用大焦距（1 500～4 000 mm）。所以作为验证，不同透照焦距的范围选择在 400～1 800 mm，在最不利条件下，对检测底片质量的效果进行验证。

由表 6-2 和表 6-3 数据可知：

1）识别丝号≥应识别丝号，丝号差为 0～2。

2）黑度值符合 GJB 1187A—2001 中规定的密度值范围：−15%～+30%，黑度误差≤0.5（≤0.9）。

所以，在最不利条件下，组合透照的底片质量均合格。采用更有利的大焦距组合布照检测，底片质量会更好。

②组合厚度差

采用阶梯试块"面对面"贴合，会形成"系列"贴合厚度，厚度 $T = 2 + 2n(n = 0, 2, 3, \cdots, 9)$，$T$ 厚度的面积大小为 $100 \times (30 + 15n)(n = 0, 2, 3, \cdots, 9)$。

"面对面"贴合的厚度范围为 2～20 mm，更大的厚度组合见表 6-4。

表 6-4　阶梯试块的厚度组合

序号	厚度范围/mm	组合方式
1	2～20	2 阶梯试块"面对面"贴合
2	12～30	10 mm 平板＋2 阶梯试块"面对面"贴合
3	22～40	20 mm 平板＋2 阶梯试块"面对面"贴合
4	32～50	10 mm 平板＋20 mm 平板＋2 阶梯试块"面对面"贴合
	...	

阶梯试块的厚度贴合方式用途有以下几种：

1）制作曝光曲线；

2）射线场方位特性及射线机穿透力测试；

3）组合检测中进行批量透照作业的底片质量监测。

由表 6 - 4 得出：阶梯试块的台阶贴合及平板的厚度组合会形成系列透照厚度，极大地方便了透照测试及质量监测，解决了需要制作大量不同厚度工件才可试验、测试的难题。

由表 6 - 2 和表 6 - 3 可知：

1）底片质量验证的厚度是从阶梯试块系列组合厚度中选取了 5 种厚度；

2）组合厚度差为 18 mm。

所以，焦距的范围在 400～1 800 mm 内布照的工件的底片质量合格，组合厚度差的实际状况为应用验证做了试验铺垫，奠定了坚实的基础。

6.2　组合透照检测应用

不同厚度工件的组合检测底片质量试验完成后，选取检测现场的架焊缝、管焊缝、铝试板焊缝、钢试板焊缝等作为应用对象，进行了不同厚度工件的组合检测技术的应用。

（1）组合检测工件的等效厚度

各种工件能否采用组合检测，首要考虑各工件的等效厚度。其"全貌图"最大检测厚度（由最大功率设备的最大穿透力和最大曝光量确定）、电压线可组合厚度范围决定了可作为组合检测的等效厚度。300 kV 射线机具备的组合检测的等效厚度要求为：

1）"全貌图" T_{max} ＝50 mm（280 kV、200 mA · min）；

2）每条电压线的起点厚度（每条电压线与 15 mA · min 线交点对应厚度）：

130 kV 电压线起点厚度为 13 mm；

280 kV 电压线起点厚度为 26 mm。

3）130 kV 电压线组合厚度范围为 13～29 mm，厚度差为 16 mm；

280 kV 电压线组合厚度范围为 26～50 mm，厚度差为 24 mm。

4）黑度尺厚度：A 级（15 mA·min）黑度标尺数据见表 6 - 5。

表 6 - 5　A 级黑度标尺制作数据

黑度 D	1.0	1.5	1.7	2.0	2.5	3.0	3.5	4.0
相对曝光量 H	110	190	220	270	340	430	530	630
相对曝光量比（H_2/H）	2.45	1.42	1.23	1	0.79	0.63	0.51	0.43
对应的曝光量值 E	37	21	18.5	15	12	9.5	7.5	6.5
lg$E$	—	—	—	—	—	—	—	0.8

在曝光曲线上，沿 15 mA·min 线使用黑度尺可得：$T =$ 7.6 mm（130 kV，$D = 4.0$），如图 6 - 7 所示。

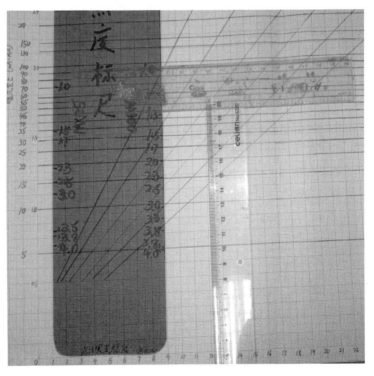

图 6 - 7　可组合最小厚度

由以上各数据可知：

300 kV 设备的等效厚度为 7.6～50 mm；130 kV 电压线组合厚度范围为 7.6～29 mm。

（2）工件布照

①待检工件状态

现场待射线检测工件见表 6-6。

表 6-6 待射线检测工件

序号	工件名称	数量	公称厚度/mm	透照厚度/mm	备注
1	框 体	2+1	8	8	单壁透照
2	铝试板	3	35×2	8.4	单壁透照
3	钢试板 1	2	10	10	单壁透照
4	钢试板 2	3	16	16	单壁透照
5	钢试板 3	5	20	20	单壁透照
6	架 1	6	16	16	单壁透照
7	管	4	8×2	19	变截面透照
8	框	1	20×2	40	双壁透照

注：变截面透照厚度计算

1）管尺寸：$\phi 48 \times 8 \ m^2$（图 6-8）；焊缝宽度：$g = 9$ mm。

2）$T \leqslant 8$ mm，$g \leqslant D/4 = 12$ mm，故椭圆成像。

3）当 $T/D > 0.12$ 时，$N = 3$。$T/D = 0.17$，则 $N = 3$。

4）计算厚度范围：16～20.4 mm。

5）透照厚度：

$$
\begin{aligned}
T &= T_1 + 2/3 \times (T_2 - T_1) \\
&= [16 + 2/3 \times (20.4 - 16)] \text{mm} \\
&= 18.93 \text{ mm}
\end{aligned}
$$

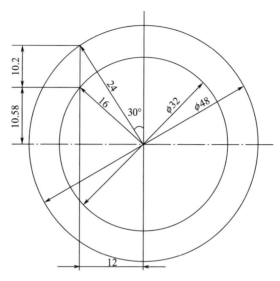

图 6-8　椭圆成像透照厚度计算图

②现场布照

根据工件形状和等效厚度，对待检工件进行现场布照。

1）将 300 kV 射线机安放在工装架上，设置升降高度、调节角度，形成斜锥透照场；

2）将等效厚度排序：大厚度小焦距、小厚度大焦距；

3）确保布照工件处于斜锥透照场；

4）依据工件形状和等效厚度，将工件分为 5 个焦距圈（层）布置；

5）等效厚度相等的不同规格工件可以布置在 1 个焦距圈（层）；

6）每个工件的一次透照长度中心相切垂直于某一条射线束；

7）相邻圈层或同一圈层的相邻工件不存在遮挡；

8）每一圈层留有足够的作业空间，确保每张胶片曝光过程中，三要素（射线机、工件、胶片）的相对位置固定不动，这对变电压组合检测十分重要；

9）按规定摆放相应的像质计、定位标记和识别标记。

现场贴片数量统计见表 6-7。

表 6-7 贴片数量统计

序号	工件名称	数量/件	等效厚度/mm	焊缝长度/mm	贴片数量/张	备注
1	框 体	2+1	8	750+1 200+750	10	单壁透照
2	铝试板	3	8.4	520	6	单壁透照
3	钢试板 1	2	10	300	2	单壁透照
4	钢试板 2	3	16	320	3	单壁透照
5	钢试板 3	5	20	350	5	单壁透照
6	导流架	6	16	50	6	单壁透照
7	管	4	19	48	4	变截面透照
8	框	1	40	260	1	双壁透照
总计					37	

（3）布照效果

1）垂直布照：在"焦点"位置，使用激光束射向布照台板（或透照区中心），调节台面角度和位置，利用垂直台面的阶梯试块背面灵敏度槽与激光束重合，在台面上布置工件，实现了垂直布照，如图 6-9 所示。

2）斜锥透照场模拟：在"焦点"位置，沿射线机中心线束方向，使用激光筒发出 40°锥角的可见锥形场，模拟不可见的锥形射线场，如图 6-10 所示，用以检查布照工件是否处于射线斜锥透照场内。

3）遮挡检查：在"焦点"位置，使用激光筒发出一束激光进行遮挡检查（图 6-11）。

将激光束一半对准相邻工件（或工装）的近源侧边缘，另一半激光束出现在远源侧工件检测区，检查出存在遮挡，如图 6-11（a）所示；同样方法，当另一半激光束避开远源侧工件检测区，检查不存在遮挡，如图 6-11（b）所示。

图 6 - 9　激光束确定垂直布照

图 6 - 10　激光斜锥场

（a）　　　　　　　　　　　　（b）

图 6-11　遮挡检查

（4）透照参数

圆锥场单张流水透照作业：

采用圆锥场单张流水透照作业，透照参数如图 6-12 所示。

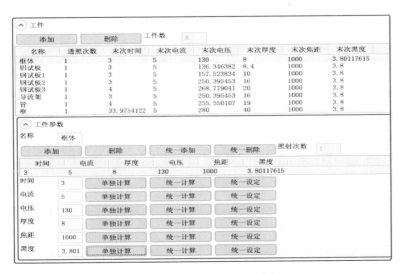

名称	透照次数	末次时间	末次电流	末次电压	末次厚度	末次焦距	末次黑度
框体	1	3	5	130	8	1000	3.80117615
铝试板	1	3	5	136.346382	8.4	1000	3.8
钢试板1	1	3	5	157.523834	10	1000	3.8
钢试板2	1	3	5	250.395453	16	1000	3.8
钢试板3	1	4	5	268.779041	20	1000	3.8
导流架	1	3	5	250.395453	16	1000	3.8
管	1	4	5	255.550107	19	1000	3.8
框	1	33.9754122	5	280	40	1000	3.8

图 6-12　圆锥场单张透照参数

将 8 类工件采用圆锥场流水透照，作业时间统计见表 6 - 8。

表 6 - 8　流水作业时间统计

序号	工件名称	等效厚度/mm	贴片数量/张	透照时间/min	休息时间/min	总时间/min
1	框体	8	10	30	30	60
2	铝试板	8.4	6	18	18	36
3	钢试板 1	10	2	6	6	12
4	钢试板 2	16	3	9	9	18
5	钢试板 3	20	5	20	20	40
6	导流架	16	6	18	18	36
7	管	19	4	16	16	32
8	框	40	1	34	34	68
总计				151	151	302

（5）球锥场组合透照作业

采用球锥场组合透照作业，透照参数如图 6 - 13～图 6 - 16 所示。

不同厚度组合布照（焦距不同），采用曝光曲线条件（焦距为 1 000 mm，标准曝光量为 15 mA·min）的透照参数如图 6 - 13 所示。

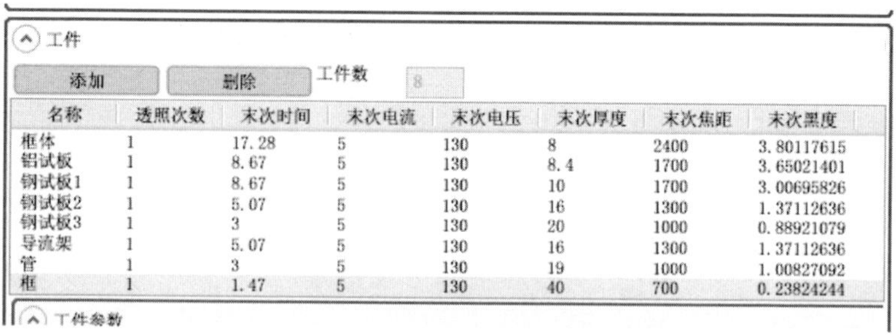

图 6 - 13　球锥场组合透照参数（一）

图 6 - 13 给出的参数说明：在管电流、透照电压、工件厚度、组合焦距确定的条件下，曝光时间不允许低于表中所列计算时间。

采用曝光时间的持续增加，观察黑度是否达到标准规定的范围（如 A 级 1.7～4.0）。此种持续增加曝光时间，使底片黑度达到规定目标值的透照方法，类似"晒熟"。

观察图 6 - 13 显示的黑度值，将第 1 次透照时间统一设定为 8.67 min，统一计算黑度，如图 6 - 14 所示。

名称	透照次数	末次时间	末次电流	末次电压	末次厚度	末次焦距	末次黑度
框体	1	8.67	5	130	8	2400	2.27892185
铝试板	1	8.67	5	130	8.4	1700	3.65021401
钢试板1	1	8.67	5	130	10	1700	3.00695826
钢试板2	1	8.67	5	130	16	1300	2.11380054
钢试板3	1	8.67	5	130	20	1000	1.87306015
导流架	1	8.67	5	130	16	1300	2.11380054
管	1	8.67	5	130	19	1000	2.14854815
框	1	8.67	5	130	40	700	0.35558152

图 6 - 14　球锥场组合透照参数（二）

第 1 次透照"晒熟"：铝试板、钢试板 1，暂停、取片；累积透照时间 8.67 min。

观察图 6 - 14 显示黑度值，将第 2 次透照时间统一设定为 8.67 min，统一计算黑度，如图 6 - 15 所示。

名称	透照次数	末次时间	末次电流	末次电压	末次厚度	末次焦距	末次黑度
框体	2	8.67	5	130	8	2400	3.81090246
铝试板	1	8.67	5	130	8.4	1700	3.65021401
钢试板1	1	8.67	5	130	10	1700	3.00695826
钢试板2	2	8.67	5	130	16	1300	3.56690746
钢试板3	2	8.67	5	130	20	1000	3.20976988
导流架	2	8.67	5	130	16	1300	3.56690746
管	2	8.67	5	130	19	1000	3.61787062
框	2	8.67	5	130	40	700	0.49687733

图 6 - 15　球锥场组合透照参数（三）

第 2 次透照"晒熟"：框体、钢试板 2、钢试板 3、导流架、管，暂停、取片；累积透照时间 17.34 min。

观察图 6 - 15 显示黑度值及厚度，第 3 次采用变电压透照：电压设定为 280 kV、黑度设定为 2.5，时间计算为 3.79 min，如图 6 -

16 所示。

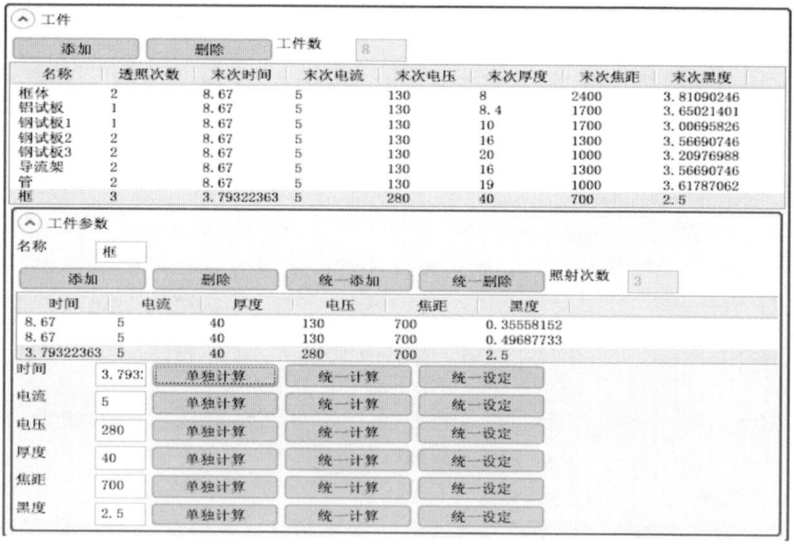

图 6-16　球锥场组合透照参数（四）

　　第 3 次透照"晒熟"：框，三次透照累积黑度达到 2.5，本次透照结束，取片；累积透照时间 21.14 min。

　　经过三次透照"晒熟"，对不同厚度工件进行组合布照，其透照参数汇总见表 6-9。

表 6-9　组合布照、透照参数汇总

序号	工件名称	等效厚度/mm	焦距/mm	透照电压/kV	"晒熟"节点	累积曝光时间/min
1	框 体	8	2 400	130	②	17.34
2	铝试板	8.4	1 700	130	①	8.67
3	钢试板 1	10	1 700	130	①	8.67
4	钢试板 2	16	1 300	130	②	17.34
5	钢试板 3	20	1 000	130	②	17.34
6	导流架	16	1 300	130	②	17.34

续表

序号	工件名称	等效厚度/mm	焦距/mm	透照电压/kV	"晒熟"节点	累积曝光时间/min
7	管	19	1 000	130	②	17.34
8	框	40	700	130,280	③	21.14

（6）实施测定

采用球锥场组合布照的方法进行透照框体、各类试板、导流架、管、框，经暗室处理，其底片测定参数如下：

①灵敏度

识别各底片灵敏度，见表 6 - 10。

表 6 - 10　底片灵敏度识别结果

序号	工件名称	等效厚度/mm	灵敏度			结论
			应识别丝号	识别丝号	丝号差	
1	框 体	8	12	14	+2	优于
2	铝试板	8.4	6	8	+2	优于
3	钢试板 1	10	12	14	+2	优于
4	钢试板 2	16	10	12	+2	优于
5	钢试板 3	20	10	12	+2	优于
6	导流架	16	10	12	+2	优于
7	管	19	10	11	+1	优于
8	框	40	8	9	+1	优于

②黑度

测得各底片灵敏度见表 6 - 11。

表 6 - 11　底片黑度测定结果

序号	工件名称	等效厚度/mm	黑度			结论
			设定黑度	测定黑度	黑度误差	
1	框 体	8	$D=3.81(3.24\sim4.95)$	3.85~3.91	0.04~0.10	符合
2	铝试板	8.4	$D=3.65(3.10\sim4.75)$	3.67~3.76	0.02~0.11	符合

续表

序号	工件名称	等效厚度/mm	黑度			结论
			设定黑度	测定黑度	黑度误差	
3	钢试板 1	10	$D=3.01(2.56\sim3.91)$	$3.08\sim3.15$	$0.07\sim0.14$	符合
4	钢试板 2	16	$D=3.57(3.03\sim4.64)$	$3.59\sim3.71$	$0.02\sim0.14$	符合
5	钢试板 3	20	$D=3.21(2.73\sim4.17)$	$3.25\sim3.46$	$0.04\sim0.25$	符合
6	导流架	16	$D=3.57(3.03\sim4.64)$	$3.81\sim3.85$	$0.24\sim0.28$	符合
7	管	19	$D=3.62(3.08\sim4.71)$	$3.75\sim4.05$	$0.13\sim0.43$	符合
8	框	40	$D=2.50(2.13\sim3.25)$	$2.95\sim2.97$	$0.45\sim0.47$	符合

③影像清晰度

工件布照（工艺）和透照参数引起的影像不清晰度见表 6-12。

④剂量利用率

辐射剂量利用率是指有效布照的胶片面积与锥场可利用区利用面积之比。该指标用以衡量在一定的辐射时间内射线剂量的有效利用状况。

在锥形场射线透照，锥形场的可利用面积为

$$\pi \cdot (2\ 400 \cdot \tan 13°)^2 \text{ mm}^2 = 964\ 007 \text{ mm}^2$$

球锥场实际利用面积为 $360 \times 80 \times 38 \text{ mm}^2 = 1\ 094\ 400 \text{ mm}^2$。

相对剂量利用率为 $1\ 094\ 400/964\ 007 \times 100\% = 113.53\%$（取值范围：$0\sim225\%$）。

表 6 - 12　影像不清晰度

序号	工件名称	等效厚度/mm	几何不清晰度 U_g						固有不清晰度 (U_i)				
			布照几何不清晰度		允许最大几何不清晰度/mm		实际减少值		透照电压及 U_i		允许的最高管电压及 U_{io}		差值
			布照焦距	不清晰度/mm	允许焦距	允许不清晰度		减少值	电压/kV	U_i/mm	电压/kV	U_{io}/mm	
1	框体	8	2400	0.010	90	0.267	0.257	0.008	130	0.062	160	0.073	0.011
2	铝试板	8.4	1700	0.015	95	0.265	0.250	0.0084	130	0.062	150	0.070	0.008
3	钢试板 1	10	1700	0.018	102	0.294	0.276	0.010	130	0.062	180	0.081	0.019
4	钢试板 2	16	1300	0.037	120	0.400	0.363	0.016	130	0.062	240	0.101	0.039
5	钢试板 3	20	1000	0.060	165	0.364	0.304	0.020	130	0.062	280	0.114	0.052
6	导流架	16	1300	0.037	120	0.400	0.363	0.016	130	0.062	240	0.101	0.039
7	管	19	1000	0.057	160	0.356	0.299	0.019	130	0.062	275	0.113	0.051
8	框	40	700	0.171	260	0.462	0.291	0.040	280	0.114	420	0.157	0.043
不清晰度降低值			$\geq 0.003T - 0.002T = 0.001T$						$U_{io} - U_i$				
结　论			优于要求值						优于规定值				

第 7 章　射线照相组合检测技术应用智能分析系统简介

7.1　系统概述

　　射线照相组合检测技术应用智能分析系统主要涉及材料学与计算机两门学科，包括射线照相检测技术、人工智能理论和应用研究。该技术用于在射线照相组合检测过程中多种曝光曲线、曝光曲线全貌图及透照空间等的融合，以及检测数据库的建立、数据处理、参数最优化、二维空间与可视化、三维布局问题与可视化及数据挖掘与知识发现等。

7.2　主要功能

　　通过射线照相组合检测技术应用智能分析系统，可以实现射线照相检测"傻瓜"式操作，避免人为因素干扰，输入工件规格参数及检测要求后进行一定时间内间断照相，就可以得到符合要求的射线底片。

　　主要功能具体包含以下内容：

　　（1）布照方式选择

　　可根据待检工件、工装条件、检测要求以及检测现场，选择适合的布照方式（垂直检测、斜置检测）。

　　（2）组合布照方案

　　选定布照方式，对不同规格的工件智能分析后，提供最优化分析处理后的多种布照方案以供选择，可以是高电压低曝光量小焦距低灵敏度布照，也可以是低电压高曝光量大焦距高灵敏度布照。

（3）透照参数确定

根据实际检测需求（如黑度要求为 3.0），计算组合透照场中各工件的透照参数，包括组合透照电压、检测时间、焦距、角度方位等。

（4）检测过程跟踪

对检测过程中的数据进行实时智能跟踪和监测，对底片黑度实时预测显示，形成检测数据库，对异常数据点进行数据处理和分析。

（5）检测布局可视化

具备优秀的可视化界面和简单的人机对话操作，涉及检测工件布置过程中的二维空间和三维布局可视化，简化操作判断，避免工件干涉，并且便于分次透照时的工件替换。

（6）简化流程操作

简化输入条件和后台分析计算，输出形式多样等。

7.3　数据分析

试验、检测过程中会获得大量的离散试验数据，包括有效数据和无效数据。这就需要进行有效的数据分析，剔除无效数据，总结发现规律，提高检测效率。试验数据的获取不仅仅是为了得出试验结论，更重要的是通过对大量的试验数据进行分析，为后续的检测提供指导，为决策提供依据。

射线照相组合检测技术的研究和应用，就是通过对大量射线照相组合检测试验数据的分析，得出结论，发现规律，用试验知识指导后续工作，进而加快产品检测速度，提高效率，达到加快生产进度目的。

7.3.1　误差分析

大量的试验数据检测结果，必然有误差存在，现实工作中的诸多不可靠因素，必然影响数据的真实性。

从检测试验方案开始，每个流程环节都会存在误差，误差是伴随着试验全过程而存在的，在试验过程中，寻求减小误差的途径和科学地表达试验结果是误差分析的首要内容。

不确定因素使试验数据偏离真实数据，在真实数值未知的情况下，需要用不确定度来表示测量的不能确定程度，确定数据可靠程度。

任何一个测量值都包含有误差，试验数据是否可以作为后续研究工作的依据，需要在一定的阈值内控制数据的有效性，在做进一步的研究工作前，对数据进行有效取舍和修约。

数据的有效性检测涉及的学科是统计学，采用统计学中的数据有效性检测方法分析试验数据，摒弃无效数据，消除噪声，正交试验数据。

7.3.2　数值分析

分析阈值范围内有效的离散数据，挖掘潜在数据，为后续测试提供有效依据，操作时需要对数据进行分析，发现潜在规律并预测未知数据。

数值分析是用计算机求解数学计算问题的数值计算方法及其理论的学科，是数学的一个分支，它以数字计算机求解数学问题的理论和方法为研究对象，为计算数学的主体部分。

试验数据的多元化，需要研究不同参数之间的关系，射线照相组合检测试验数据是多因素相互作用的结果，数值分析需要发现多维空间数据的相互关系，形成知识库，用于指导搜索，或评估结果模式的兴趣度，为后续工作提供服务。

7.3.3　布局分析

布局分析是根据已有数据，分析隐藏规律，应用于生产测试，标定参数。在已定参数的前提下，如何利用球锥透照场的有效空间，是射线照相组合检测技术的另一个重点。同时，要在有限的前提下，使资源利用率达到最优。

布局问题在机械工程、航空航天、机器人运动规划、模式识别、交通运输、大规模集成电路的设计、出版印刷、服装、皮革、造船、城市规划和建筑设计等诸多行业的应用十分广泛。人们对布局问题已进行了较为深入的研究，在许多领域中也取得了一些进展，然而布局问题的整体研究还比较薄弱。三维布局问题属于复杂的组合最优化问题和 NP 完全问题①，在一定时间内求其精确全局最优解是相当困难的。

布局问题涉及计算几何、计算机图形学、运筹学、逻辑推理等多学科、多领域的知识，属于复杂的组合优化问题。其复杂度具有双重性：首先，布局问题的模型通常非常复杂，很难用数学模型进行完全、准确的描述，需要用复合知识模型来表达；其次，即使布局问题能用数学模型描述，求解该数学模型或复合知识模型中的数学模型部分的计算复杂程度也是 NP 完全问题。

布局问题以"切割"和"装填"为两种表现形式，射线照相组合检测介于二者之间：具有切割平面和装填空间的特点。需要依据实际情况（仪器、工装、场地等）构建数学模型，研究布局算法，使透照场达到最优利用率。

射线照相组合检测布局问题是研究的重要内容，按照一定的原则，在预先给定的空间内，将待检测产品合理地组织与布置，以达到最优的设计目标。一个设计良好的布局能加快生产，缩短产品的滞留时间，显著提高企业的生产效率。

理论上，透照场的合理利用属于组合优化问题和 NP - hard 问题，研究该类布局问题的有效求解方法。具体透照场和工装设备，使得布局的优化目标与约束条件更多，求解也更加复杂。

---

① NP 完全问题属于计算机科学理论的一个基本概念，是不确定性图灵机在 P 时间内能解决的问题，也是多项式复杂程度的非确定性问题，无法直接计算得到，只能通过间接的"猜算"来得到结果。

透照场的主要研究工作如下：

1）针对块状布局问题－环形布局问题的求解，研究可重组性；

2）通过对球锥空间的有效利用，研究相应层次的布局方法；

3）建立环形布局与球锥空间的相互关系，建立并研究静态设施布局和动态设施布局相互转化的关系，解决实际问题；

4）研究详细布局优化与仿真系统原型及其关键技术。

7.3.4　数据挖掘

知识的获取本质是对大量数据的总结及数据背后隐式规律的发现，大量的试验数据需要进行高层次的处理，从中总结出规律和模式，以帮助后续的研究和决策。

射线照相组合检测所取得的离散试验数据背后是否隐藏知识、规律和潜在模式，还有待进一步研究。

数据挖掘从一开始就是面向应用的，不仅仅是面向特定数据库的简单检索查询，而且要对这些数据进行微观或宏观的统计、分析、综合和推理，以指导实际问题的求解，甚至利用各种数据分析工具在数据中发现模式和数据间的关系，对未来的活动进行预测。

7.3.5　系统开发

智能分析系统是射线照相组合检测技术的最终表现形式，是研究结果的最终体现。以实现上述研究的算法为实例代码，完成各项功能。

按照面向对象设计的思想完成程序开发研制，不同的功能由不同的类来完成，类与类之间以尽量少的参数传递信息，类内部采用"黑匣子"思想，所有功能在类内部实现，在类外部提供显示接口，以供外部的类调用及操纵。通过标准化的接口保持各类之间的连贯性，同时保持各类内部的封闭性，形成独立的检测系统，完成智能检测工作。

7.4　应用前景

射线照相组合检测技术应用智能分析系统是基于射线照相组合检测技术开发而成的，融合了射线照相、组合检测、人工智能等技术，进一步推进射线照相智能化进程，将有利于发展传统射线照相检测工艺和方法。

采用智能分析系统，简化整个操作流程，输入被检工件规格参数，实现精准计算分析，满足相关标准质量指标要求。自行排列和计算，实现自主组合和空间布局分析（焦距调节、角度调整、干扰分析等）。当曝光满足要求时，系统实时进行判断，并在相应时机切断射线。建立检测数据库，对检测数据进行分析归类。

1）智能化射线照相组合检测的实现，减少了射线检测人员的劳动强度和辐射危害，提高了检测精度；

2）智能化射线照相组合检测可避免手工绘图和计算误差，使检测结果趋于稳定；

3）智能化射线照相组合检测能够有效降低检测成本，提高检测效率；

4）信息化、智能化是无损检测的发展方向，智能分析系统将成为智能检测不可或缺的一部分，助力智能制造。

参 考 文 献

［1］ 郑世才．工业射线无损检测技术［M］．北京：中国航天标准化研究所，2001．

［2］ 强天鹏．射线检测［M］．昆明：云南科技出版社，2001．

［3］ 李家伟，等．无损检测手册［M］．北京：机械工业出版社，2002．

［4］ 中国机械工程学会无损检测学会．射线检测［M］．3版．北京：机械工业出版社，2004．

［5］ 日本无损检测学会．射线探伤 A，B［M］．李衍，译．北京：机械工业出版社，1988．

［6］ 郑世才．射线检测［M］．国防科工委无损检测培训Ⅲ级教材．上海，2012．